Pythonによるアルゴリズムとデータ構造の基礎

永田　武【著】

コロナ社

まえがき

本書は，大学，短大と高等専門学校の学生，あるいは情報系企業に入社した新人の方を対象として記述したものです。アルゴリズムとデータ構造は，今日の情報化された現代社会の膨大な情報を蓄積・管理して，利用するための情報処理システムの開発の基礎となる内容です。

アルゴリズムとは，問題を解くための手順を表現したもので，コンピュータにおける情報処理の基盤となるものです。そして，データ構造とは，データの集合をコンピュータで効率的に扱うために一定のルールに従って格納するときの形式のことです。多くの場合，データ構造が決まれば，利用するアルゴリズムは比較的容易に決まります。しかし場合によっては，与えられた仕事をこなすための最適なアルゴリズムを利用するために，そのアルゴリズムを使うことが前提となっているデータ構造が選択されることもあります。このようにアルゴリズムとデータ構造は切っても切れない関係にあります。

本書は，姉妹図書の『Java によるアルゴリズムとデータ構造の基礎』（コロナ社）の章立てに従って Python で記載したものです。学校においては，週一回の半期で履修できる程度の内容になっています。各章の最後には，関連プログラムの項を設けました。ここでは，実用的なプログラムを掲載していますので，卒業研究などの場面でも役に立つと思います。OS は Windows でも Linux でもかまいません。自分の手で作成し動作を確認すると理解が深まると思います。

本書がアルゴリズムとデータ構造の学習への扉となれば，著者にとって望外の喜びです。

最後に，本書の出版の機会を与えていただいた株式会社コロナ社に厚くお礼申し上げます。

2020 年 3 月

永　田　　武

目　次

第1章　Python入門

第2章　基本的なアルゴリズム

第3章　配　列

第4章 再 帰

第5章 連結リスト

第6章 スタックとキュー

第 7 章　木構造

第 8 章　探　索

第 9 章　ソート（その 1）

第 10 章　ソート（その 2）

第 11 章 グラフ

付 録

演習問題について

下記の書籍詳細ページ内の「▶関連資料」をクリックすると，演習問題の解答を確認することができます。

https://www.coronasha.co.jp/np/isbn/9784339029079/

※コロナ社の Web ページから本書の書名検索でも書籍詳細ページにアクセスできます。

第 1 章　Python 入門

現代社会の膨大な情報を利用するための情報処理システムの開発には，アルゴリズムとデータ構造についての理解が重要である。そのプログラムの設計において，データ構造の選択は重要な課題である。これまでに，配列，連結リスト，スタック，キュー，木構造やグラフなどのデータ構造が開発され，それらのデータ構造を用いた効率の良い探索やソートなどのアルゴリズムが開発されている。本書では，そのようなアルゴリズムとデータ構造について解説を行うが，アルゴリズムの確認のために Python を用いる。本章では，Python の特徴，プログラム開発の流れ，プログラミングの作法，プログラミングの基礎，および Python2 と Python3，および関連プログラムについて説明する。なお，本書に記載したプログラムは，Windows 10 の Python3.8 で動作を確認している。

1.1　Python の特徴

Python は，1991 年に文法を極力単純化してコードの可読性を高め，容易な記述方法を採用し，プログラマの作業性とコードの信頼性を高めることを重視して開発された汎用の高水準言語である。

Python は，以下のような特徴がある。

・洗練された構文
・**動的型付け**（dynamic typing）（C 言語のような変数の型宣言が不要であり，実行時に自動的に決まる性質）
・オブジェクト指向
・プラットフォームに依存しない性質
・豊富なネットワーク関連の機能
・充実した標準ライブラリと組込み関数
・使われなくなったメモリ領域を自動的に整理するガーベージコレクション

1.2 Pythonプログラム開発の流れ

図1.1にプログラム開発の流れを示す。Pythonで記述されたプログラムは，ソースコードを直接解釈し，実行する**インタプリタ**により実行される。Pythonは，①付属の対話型インタプリタを用いて1行ずつ実行する方法と，②ソースファイルを作成して実行する方法があるが，本書では②の方法を用いる。なお，Pythonもコンパイルしてバイトコードを作成することもできる。興味のある方はほかの成書を参照してほしい。

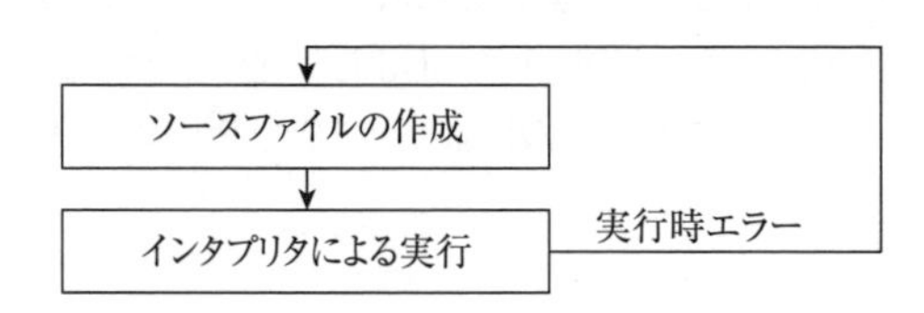

図1.1 Pythonプログラム開発の流れ

(1) ソースファイルの作成

システムの要求仕様に従って書いた設計書に基づいて，**ソースコード**（source code）を作成する。ソースコードは，**スクリプトコード**（script code）とも呼ばれる。ソースコードを作成することを**コーディング**（coding）という。Windows では TeraPad，Linux では vi などの**エディタ**（editor）を用いてコーディングし，プログラム名を付けて，コンピュータに保存する。保存したファイルを**ソースファイル**（source file）（または，**スクリプトファイル**）と呼ぶ。また，ソースファイルの拡張子を “.py” にする必要がある。

(2) インタプリタによる実行

ソースコードの実行には python コマンドを用いる。実行時にエラーが発生する場合がある。一般に，プログラムには誤りが含まれる。この誤りのことを**バグ**（bug）と呼ぶ。このバグを修正することを**デバッグ**（debug）という。

1.3　Python プログラミングの作法

(1) プログラムの基本形

Python のプログラムは図 1.2 のように記述する。

```
#----------------------(1)----------------------------
import モジュール名(標準ライブラリ)
import モジュール名(外部ライブラリ)
import モジュール名(自作ライブラリ)
. . .
from モジュール名 import  オブジェクト名(関数, 変数, クラス)
. . .
#----------------------(2)----------------------------
def  関数名 ():                    # 関数定義(引数なし, 戻り値なし)
  関数内の処理手続きの記述

def  関数名 ():                    # 関数定義(引数なし, 戻り値あり)
  関数内の処理手続きの記述
  return 戻り値

def  関数名 ( 引数の列 ):           # 関数定義(引数あり, 戻り値なし)
  関数内の処理手続きの記述

def  関数名 ( 引数の列 ):           # 関数定義(引数あり, 戻り値あり)
  関数内の処理手続きの記述
  return 戻り値
. . .
#----------------------(3)----------------------------
def main():                        # main 関数
  処理手続きの記述

#----------------------(4)---------------------------
if __name__ == "__main__":   # プログラムの起点
  main()
```

図 1.2　Python プログラムの基本形

図に示すように，大きく 4 つの部分から構成される。

①import 文によるライブラリのモジュールの読込み（必要に応じて）

②関数の記述

③main( ) 関数の記述

④プログラムの起点の記述

(2) コメント

可読性のあるよいプログラムを作成するためには，コメントを付けることが重要である。コメントは表 1.1 に示すような種類がある。

表 1.1　コメントの種類

No.	種　類	記述方法
1	ブロックコメント	複数行にわたるコメントを記述するときには，'''(シングルクォーテーション 3 つ）あるいは """（ダブルクォーテーション 3 つ）でコメントを囲む。
2	1 行コメント	1 行のコメントを記述するときには，# を用いる。
3	後置きコメント	1 行の対象コードの行末に # を用いて，短いコメントを記述する。
4	ロジックのコメント	デバッグ時にロジックをコメントアウトする際に使用する。該当のコードの先頭に # を記述する。

(3) 識別子の命名規則

変数名や関数名には，下記の規則以外の任意の名前を付けることができる。

・予約語（and など）は使用できない。

・先頭には，アルファベットの小文字（a ～ z）とアンダースコア（ _ ）が利用できる。

しかし，慣習的に表 1.2 のような命名法が用いられているので，それに従ったほうがよい。

表 1.2　慣習的な命名法

No.	命名法	説　明
1	クラス名の先頭は大文字	クラス名の先頭を大文字にすることにより，クラス名であることを明確にする。（例）Person
2	関数名の先頭は小文字	メソッド名の先頭は小文字にすることにより，コンストラクタやクラス名と区別をつけやすくする。（例）bubbleSort
3	変数名の先頭は小文字	変数名の先頭は小文字にすることにより，コンストラクタやクラス名と区別をつけやすくする。（例）cost
4	定数名はすべて大文字	定数はすべて大文字とする。（例）ARRAY_MAX
5	キャメルケース	複数の単語を接続して識別子とするときは，後の単語の先頭を大文字にして区切りを表現する。 （例）vehicleType
6	スネークケース	複数の単語を接続して識別子とするときは，_（アンダースコア）で区切る。（例）vehicle_type

(4) インデント

インデント（indentation style）とは，メソッドの中身や if 文の処理ブロックなどを明確にするために，対象となる部分の文字を，何文字か字下げすることである。読みやすいプログラムとするために，インデントは 4 文字が適切である。インデントは，Tab キーを用いるか，スペースで行うことができるが，いずれかに統一したほうがよい。Python では，インデントは実行文をグループにまとめる方法であり重要である。

(5) クラスの形式

Python のクラスは一般的に図 1.3 の形式で記述する。図に示すように，クラスは大きく 2 つの部分から構成される。まず，このクラス（class）のインスタンス生成時に実行されるメソッドである**コンストラクタ**（constructor），そして，このクラスが保持している処理に対応する**メソッド**（method）の集合である。ここで，コンストラクタとメソッドの第 1 引数には，self を記述することに注意する。この self は自分自身を表すものである。

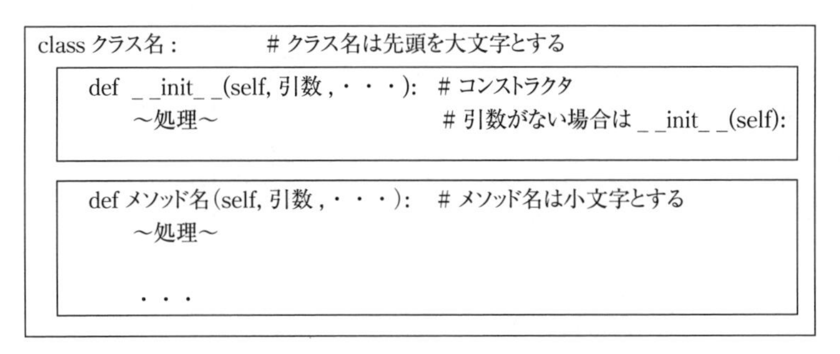

図 1.3　Python のクラスの形式

Java のようなほかのオブジェクト指向言語を知っている読者なら，クラスを定義する際に保有させる変数である**フィールド**（**メンバ変数**）も一緒に定義することが常識であるが，Python にはそのような機能はない。その代わりに，その機能はコンストラクタで**アトリビュート**（attribute）を追加することによって実現できる。アトリビュートは，クラスが持つ変数と考えればよい。

(6) C や Java との相違

Python は，C や Java とプログラミングの構文が異なる部分がある。表 1.3 に C や Java とのおもな相違点について示した。

表 1.3　C や Java とのおもな相違点

説　明	Python	C や Java
文の終わり	改行（; も可）	;
インクリメント	`i += 1`	`i++`
デクリメント	`i -= 1`	`i--`
論理積	`and`	`&&`
論理和	`or`	`||`
空	`None`	`null`
コメント	`#`	`//`
3 項演算子	`S1 if condition else S2`	`condition ? S1 : S2`

if　文	`if condition_1:`
	    `statement_1`
	`elif condition_2:`
	    `statement_2`
	`else:`
	    `statement_3`
		`if(condition_1){`
		    `statement_1;`
		`}else if(condition_2){`
		    `statement_2;`
		`}else{`
		    `statement_3;`
		`}`

for 文
($i=0,1,\cdots,n$)
	`for i in range(0,n):`
	    `statement`
		`for( i=0; i<n; i++){`
		    `statement;`
		`}`

for 文
($i=n,n-1,\cdots,1$)
	`for i in range(n,0,-1):`
	    `statement`
		`for( i=n; i>0; i--){`
		    `statement;`
		`}`

while 文	`while condition:`
	    `statement`
		`while(condition){`
		    `statement;`
		`}`

do-while 文	`while True:`
	    `statement`
	    `if not condition: break`
		`do{`
		    `statement;`
		`} while(condition);`

この表中で，特に，for 文で用いられる range( ) 関数には注意が必要である。なお，:（コロン）の後の文が 1 文の場合は，改行せずに : に続けて記述できる。以下に，range( ) 関数の用法について示す。

表 1.4　Python のおもな組込み型

<table>
<tr><th>組込み型</th><th>使用例</th><th>説　明</th></tr>
<tr><td rowspan="3">リスト</td><td>[ ]
[1, 2, 3]
["abc", 2, 50.5]</td><td>複数の要素を順番に並べて利用する場合に用いる。インデックスでアクセスされ，取出し・追加・削除が可能である。</td></tr>
<tr><td colspan="2">おもなメソッド</td></tr>
<tr><td colspan="2">list.append(x)：リストの末尾に要素を 1 つ追加する。
list.insert(i, x)：指定した位置に要素を挿入する。i はリストのインデックスで，i の位置の要素の直前に挿入が行われる。
list.pop([i])：指定されたインデックス i にある要素をリストから削除し，その要素を返す。インデックスが指定されなければ，リストの末尾の要素を削除して返す。</td></tr>
<tr><td>タプル</td><td>( )
(1, 2, 3)
("abc", 2, 50.5)</td><td>リストと同じであるが，データの追加・削除が不可能である。
インデックスで取出しは可能である。</td></tr>
<tr><td rowspan="3">ディクショナリ
（辞書）</td><td>{ }
{'A':0,1,'B':0,2}
{'C':28, 'K':29 }</td><td>リストと同じで複数の要素を格納することができるが，キーを用いて管理される。{ key : value } の形式で入力する。キーを用いて，取出し・追加・削除が可能である。</td></tr>
<tr><td colspan="2">おもなメソッド</td></tr>
<tr><td colspan="2">dict.update(iterable)：引数に指定したほかのディクショナリ，または key:value（キー：値）のデータをもとに辞書の更新や追加が行われる。同一 key が存在する場合は value が更新され，存在しない場合は新しい要素として key:value が追加される。
dict.get(key[, default])：指定された key を持つ要素の値を戻す。default は，key が存在しなかった場合に戻す値である。
dict.pop (key [,default])：指定された key を持つ要素を取り出したうえで辞書から削除する。default は，key が存在しなかった場合に戻す値である。</td></tr>
<tr><td rowspan="3">set 型</td><td>{ }
{1,2,3}
{"abc", 2, 50.5}</td><td>集合を扱うためのデータ型である。リストと同じように取出し・追加・削除が可能であるが，同一要素は追加されない。また，インデックスの概念もない。</td></tr>
<tr><td colspan="2">おもなメソッド</td></tr>
<tr><td colspan="2">set.add(element)：指定された要素をセットに追加する。すでに存在すれば追加しない。
set.remove(element)：指定された要素をセットから削除する。</td></tr>
</table>

・range(stop)：引数に整数を1つ指定。0 ≦ i < stop の連番を生成。
・range(start, stop)：引数に整数を2つ指定。start ≦ i < stop の連番を生成。
・range(start , stop, step)：引数に整数を3つ指定。start ≦ i < stop で stepずつ増加する数列を生成（stepが負の値の場合は減少する数列）。

(7) 組込み型

Python には，プログラミングでよく利用されるデータ型が**組込み型**として準備されている。表 1.4 におもな組込み型を示す。

1.4　Python プログラミングの基礎

それではプログラミングの定番である「Hello world Python!」と画面に表示させるプログラムを例題に，プログラム開発の流れを説明する。以下の作業は，Windowsの場合はコマンドプロンプトを，Linuxの場合は端末を表示させて行う。

(1) ソースファイルの作成

まず，プログラム 1.1 を参照してソースファイルの作成をする。なお，Linux における「vi によるソースファイルの作成」については，本書の最後の付録 A. に後述する。

プログラム 1.1 では，3つの記述方法を示している。ソース名は，“helloWorld.py（拡張子は .py）” である。

(A)　print("Hello world Python!") のみで実行が可能である。print( ) 関数は文字列の出力後に改行するが，改行しないようにするには，第2引数で end= "" を加え，print("Hello world Python!", end= " ") とすればよい。

(B)　図 1.3 に示した Python のクラスの形式を参照し，HelloWorld クラスを定義して，インスタンス i を生成させている。インスタンス生成時には，コンストラクタが動作するので「Hello world Python!」が表示される。

(C)　図 1.2 に示した Python プログラムの基本形を参照した記述方法である。簡単な処理なので，図の (2) と (3) のブロックのみで構成されている。

プログラム 1.1　helloWorld.py

```
1  # helloWorld.py    (1-1)
2
3  # --------- (A) --------------------
4  # print("Hello world Python!")
5
6  # --------- (B) --------------------
7  # class HelloWorld:
8  #    def __init__(self):
9  #        print("Hello world Python!")
10 # i = HelloWorld()
11
12 # --------- (C) --------------------
13 def main():
14     print("Hello world Python!")
15
16 if __name__ == "__main__":
17     main()
```

実行結果 ••

```
Hello world Python!
```

(2) 実　行

つぎに，インタプリタによる実行である。つぎのコマンドを入力する。

```
python helloWorld.py
```

このプログラムを実行すると，「Hello world Python!」という文字列が画面に表示される。

エラーが発生した場合は，エラーメッセージに含まれる“行番号”や“その理由”を参考にソースファイルを修正し，エラーがなくなるまで繰り返す。なお，「Windows と Linux コマンド」については付録 B. に後述する。

プログラミングで最も重要なことが，プログラムのテストとデバッグである。テストとは，プログラムが正しく動作するか否かを検証することである。そして，デバッグとは，バグを見つけてソースファイルを修正することである。

1.5　オブジェクト指向

ここで，簡単にオブジェクト指向の概念について説明しておく。まず，オブジェクト指向では，実世界のすべてを**オブジェクト**（object）として捉える。オブジェクトは1つ以上の**属性**（attribute），および1つ以上の**メソッド**（method）をもつ。属性は**プロパティ**（property）とも呼ばれる。オブジェクト内の属性は，値（複数でも可）をもち，その値もオブジェクトである。メソッドは属性の値に作用するものである。

オブジェクト内の属性とメソッドは，そのオブジェクト内に**カプセル化**（encapsulation）され，それらにアクセスするためには，オブジェクトに**メッセージパッシング**（message passing）する必要があり，公開されたメッセージ送信インタフェースが用いられる。同一の属性とメソッドをもつすべてのオブジェクトの集合が**クラス**（class）である。クラス間には，**クラス階層**（class hierarchy）をもたせることができ，階層の下位のクラスである**サブクラス**（subclass）は，上位のクラスである**スーパークラス**（super class）のすべての属性とメソッドを**継承**（inheritance）する。サブクラスは，継承したすべての属性とメソッドのほかに，新たに属性とメソッドを追加できる。サブクラスの実現値である**インスタンス**（instance）は，スーパークラスのインスタンスでもある。

1.6　新しいクラスの作成

Python では，新しいクラスを作成することができる。以下では，新しいクラスとして，学生のデータを保有する Student クラスを作成する。Python のクラスの形式（図 1.2 参照）に従って記述した Student クラスを**プログラム 1.2** に示す。そして，そのテスト用のプログラムとその実行結果を**プログラム 1.3** に示す。

プログラム 1.2 に示すように，Student クラスには，アトリビュートとして番号（no），名前（name），年齢（age）の 3 つをもたせ，コンストラクタでは，引数で渡された 3 つの値をアトリビュートにセットしている。

プログラム 1.3 は，テスト用のプログラムである。最初に import 文で Student クラスをインポートしている。2 名の Student データのインスタンス s1 と s2 を作成し，print( ) メソッドによるデータの表示を行っている。それぞれのアトリビュートは，インスタンスに対して**ドット演算子**（dot operator）を用いて，直接 s1.no や s1.name のようにアクセスできる。Python はアトリビュートやメソッドはすべて公開であることに注意が必要である。

プログラム 1.2　Student クラス（Student.py）

```
1   # Student.py   (1-2)
2   class Student:
3       # Constractor
4       def __init__(self, no, name, age):
5           self.no = no
6           self.name = name
7           self.age = age
8
9       def __repr__(self):
10          return repr((self.no, self.name, self.age))
```

プログラム 1.3　Student クラスのテスト（student_app.py）

```
1   # student_app.py    (1-3)
2
3   from Student import Student
4
5   def main():
6       s1 = Student(1, "C", 28)
7       s2 = Student(2, "K", 29)
8       print("no= ",s1.no," name= "+s1.name," age= ",s1.age)
9       print("no= ",s2.no," name= "+s2.name," age= ",s2.age)
10      print("s1=",s1)
11      print("s2=",s2)
12
13  if __name__ == "__main__":
14      main()
```

実行結果

```
no= 1  name= C  age= 28
no= 2  name= K  age= 29
s1= (1, 'C', 28)
s2= (2, 'K', 29)
```

一般に，Pythonを用いたオブジェクト指向プログラミングでは，プログラム1.2に示したようにクラス定義を行い，そのクラスを用いたアプリケーションを作成する。本書ではそのアプリケーションの例として，プログラム1.3に示したようなテスト用プログラムを作成している。Student.pyがクラス定義，student_app.pyがテスト用プログラムである。

なお，本書ではこの両方のプログラムをまとめて記述している場合がある。**プログラム1.4**はその方法で記述したstudent1プログラムである。なお，本書ではプログラムのステップ数削減のために，文の最後に改行ではなく，CやJavaと同様に;（セミコロン）を用いて1行にまとめて記述している場合がある。

プログラム1.4 student1（student1.py）

```
1   # student1.py   (1-4)
2
3   class Student:
4       # Constractor
5       def __init__(self, no, name, age):
6           self.no = no; self.name = name; self.age = age
7
8       def __repr__(self):
9           return repr((self.no, self.name, self.age))
10
11  def main():
12      s1 = Student( 1, "C", 28)
13      s2 = Student( 2, "K", 29)
14      print("no= ",s1.no," name= ",s1.name," age= ",s1.age)
15      print("no= ",s2.no," name= ",s2.name," age= ",s2.age)
16      print("s1=",s1)
17      print("s2=",s2)
18
19  if __name__ == "__main__":
20      main()
```

実行結果

```
no= 1  name= C  age= 28
no= 2  name= K  age= 29
s1= (1, 'C', 28)
s2= (2, 'K', 29)
```

1.7 Python2 と Python3

Python2 はバージョン 2.7 で終了し，2008 年から Python3 が公開された。しかし，残念ながら Python2 と Python3 では後方互換性が維持されていない。両者の相違については別の成書を参照してほしい。本書のプログラムは，Python3.8 でテストしている。特に，Python2 の print 文は，Python3 では print( ) 関数になっていることに注意が必要である。

```
print “Hello world”     # python 2
print( “Hello world”)   # python 3
```

なお，Python のバージョンは，コマンドプロンプトや端末で下記により確認できる。

```
python --version
または
python -V
```

1.8 関連プログラム

(1) 実行時のパラメータ入力

プログラムの実行時に，パラメータとして値を与えることができる。そのパラメータは，sys モジュールの argv で受け取ることができる。String 型で取り出せるので，必要に応じて int 型や float 型に変換する必要がある。C や Java の double 型は，Python では float 型に対応する。**図 1.4** に型変換で用いられるメソッドを示す。図に示すように，String 型の変数 s に対して，int 型への変換には int(s)，float 型への変換には float(s) が用いられる。逆に，int 型変数 i に対して，String 型への変換には str(i)，float 型変数 f に対して，String

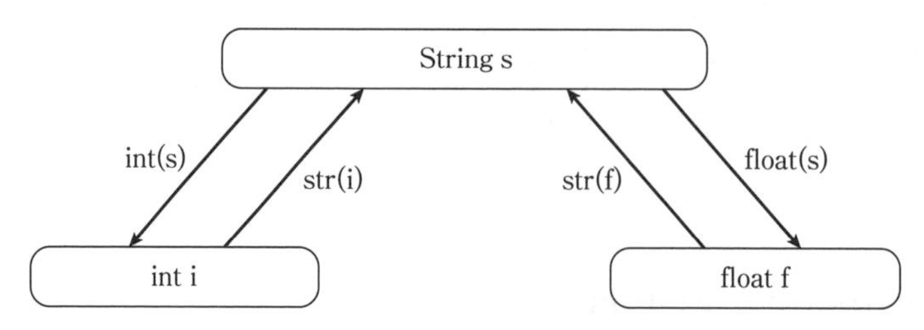

図 1.4 Python における型変換

型への変換には str(f) が用いられる。

プログラム 1.5 は，int 型，float 型，String 型の 3 つのパラメータをキーボードから入力し，表示するプログラムである。使用方法は，“python args_input” とすると表示される。このようなプログラムは，パラメータの指定がない場合には，その使用方法を表示させることが望ましい。このプログラムは，“python args_input 64 99.9 test” のように，3 つのパラメータをスペース区切りで並べると動作する。ただし，int 型，float 型，String 型の順番に並べる必要がある。キーボードから入力されたパラメータを表示させるには，print( ) 関数の引数に String 型変数を与えるために，str( ) 関数を用いている。なお，print( ) 関数は，「,（カンマ）」で区切ると型の混在した変数を出力することも可能である（変数の出力の前に空白 1 文字が入ることに注意せよ）。

プログラム 1.5 実行時のパラメータ入力（args_input.py）

```
1  # args_input.py    (1-5)    usage: python args_input2 i f s
2  import sys
3  
4  def main():
5      args = sys.argv
6      if len(args) < 4:
7          print("usage:python  args_input i d s")
8          print("( i: integer value, d: double value, s: string value )")
9          exit()
10     i = int( args[1] )
11     d = float( args[2] )
12     s = args[3]
13 
14     print("i= "+str(i)+"   d= "+str(d)+"    s= "+s+ "    i/d = "+str(i/d))
15     print("i=",i,       "  d=",d,        "  s=",s,     "  i/d =",(i/d))
```

```
16
17 if __name__ == "__main__":
18     main()
```

実行結果

```
python args_input.py 64  99.9  test
i= 64   d= 99.9   s= test   i/d = 0.6406406406406406
i= 64   d= 99.9   s= test   i/d = 0.6406406406406406
```

(2) 出力フォーマッティング

プログラム 1.5 において，format( ) メソッドを用いるとフォーマッティングができる。i/d の出力を小数点以下 4 桁までの表示としたプログラムを**プログラム 1.6** に示す。ここで，print("{:6.4f}".format(i/d)) の "{:6.4f}" は，全体の桁数が 6 桁で，小数点以下を 4 桁で表示させることを意味している。

プログラム 1.6 出力のフォーマッティング（args_input2.py）

```
1  # args_input2.py    (1-6)    usage: python args_input2 i f s
2
3  import sys
4
5  def main():
6      args = sys.argv
7      if len(args) < 3:
8          print("usage:python  args_input i f s")
9          print("( i: integer value, f: float value, s: string value )")
10         exit()
11         i = int( args[1] )
12         f = float( args[2] )
13         s = args[3]
14
15         print("i= ",i,"  f= ",f,"  s= ",s)
16         #print("i/f = ",i/f)
17         print("{:6.4f}".format(i/f))
18
19 if __name__ == "__main__":
20     main()
```

実行結果

```
python args_input2.py 64  99.9  test
i= 64  f= 99.9  s= test
i/f = 0.6406
```

表 1.5 に format( ) メソッドを用いた使用例を示す。

表 1.5　print( ) 関数の format( ) メソッドの使用例

(s,i1,i2,d1,d2) = ("abc", 3, -3, math.sqrt(2), -math.sqrt(2))		
1	`print( s )`	abc
2	`print( i1 )`	3
	`print( "{:5d}".format(i1) )`	3　（5 桁右つめ）
	`print( "{:<5d}".format(i1) )`	3　（5 桁左つめ）
	`print( str(i1).zfill(5) )`	00003　（5 桁 0 埋め）
	`print( i2 )`	-3
	`print( "{:>5d}".format(i2) )`	-3　（5 桁右つめ）
	`print( "{:<5d}".format(i2) )`	-3　（5 桁左つめ）
	`print( str(i2).zfill(5) )`	-0003　（5 桁 0 埋め）
3	`print( d1 )`	1.414214
	`print( "{:8.2f}".format(d1) )`	1.41 （8 桁小数点以下 2 桁右つめ）
	`print( "{:<8.2f}".format(d1) )`	1.41 （8 桁小数点以下 2 桁左つめ）
	`print( d2 )`	-1.414214
	`print( "{:8.2f}".format(d2) )`	-1.41 （8 桁小数点以下 2 桁右つめ）
	`print( "{:<8.2f}".format(d2) )`	-1.41 （8 桁小数点以下 2 桁左つめ）
4	`print( "{:x}".format(15) )`	f　（16 進数）

(3) 乱数の生成

Python で**乱数**（random number）を生成するときに便利なメソッドが，random.random( ) メソッドである。これは，random ライブラリの random( ) メソッドを示している。このメソッドは，0 ～ 1 未満の実数を生成する。ここでは，整数値の範囲 min ～ max の乱数を発生させるメソッドを作成して，0 ～ 100 の範囲の乱数を 20 個生成することを考える。**プログラム 1.7** にそのプログラムと実行結果を示す。

このメソッドは，**乱数の種**（seed）に現在時刻が用いられているため，実行結果は毎回異なる。したがって，もし同一の乱数系列で複数のアルゴリズムの評価をしたい場合には，この出力をテキストファイルに書き出しておき，各アルゴリズムの実行時にテキストファイルから読み込むようにすればよい。

プログラム 1.7　乱数（rand.py）

```
1  # rand.py    (1-7)
2
3  from random import random
4
5  class Random:
6      def __init__(self, min, max):
7          self.min = min; self.max = max
8
9      def rand(self):
10         return (int)(random() * ((self.max-self.min)+ 1)) + self.min
11
12 def main():
13     r = Random(0,100)
14     for i in range(0,20):
15         if i%5 == 0 : print("");
16         num = r.rand()
17         print("{:6d}".format(num), end="")
18
19 if __name__ == "__main__":
20     main()
```

実行結果

```
    41    22    21    12    67
    14    97   100     3    64
    26    84    13    62    16
    64    88    67    59    27
```

(4) テキストファイルの入出力

Python にはファイル入出力に便利な関数や多くのファイルオブジェクトのメソッドが実装されている。ここでは，それらの中から，open( ) 関数，write( ) メソッド，read( ) メソッド，close( ) メソッドを用いた入出力プログラムを作成する。

・ファイルオープン（open( ) 関数の利用）

open( ) 関数の構文を以下に示す。[ ] 内の引数は省略可能である。

```
open( ファイル名 [, モード [, エンコード [, エラー処理]]] )
```

モードは，**表 1.6** に示すようにファイルをどのような状態で開くかを指定する。

表 1.6 ファイルオープンのモード（一部）

モード	内容
'r'	読込み用に開く（デフォルト：省略時はこのモード）。
'w'	書込み用に開く。ファイルが存在しない場合は作成し，存在する場合はファイルの内容を空にする（要注意）。
'a'	書込み用に開き，ファイルが存在する場合は末尾に追記する。
'+'	ファイルを更新用に開く（読込み / 書込み）。

エンコードは，省略時は「UTF-8」となる。エラー処理は，エンコードやデコードでのエラーをどのように扱うかを指定する。省略時は「strict」となる。

・テキストファイルの出力（write( ) メソッドの利用）

write( ) メソッドを用いて，上記で作成した20個の乱数をテキストファイル“rand_20.txt”に出力するプログラムを考える。そのプログラムを**プログラム 1.8** に示す。ここで，rand_number = [0 for i in range(MAX)] は，[0]*MAX とも記述することができ，[0, 0, 0, 0, 0, 0, 0, 0, 0, 0, 0, 0, 0, 0, 0, 0, 0, 0, 0, 0] を生成することに注意する。

プログラム 1.8 テキストファイルへの出力（file_output.py）

```
1  # file_output.py    (1-8)
2
3  import array
4  from random import random
5
6  class Random:
7      def __init__(self, min, max):
8          self.min = min
9          self.max = max
10     def rand(self):
11         return  (int)(random( ) * ((self.max - self.min) + 1)) + self.min
12
13 def main():
14     MAX = 20
15     r = Random(0,100 )
16     rand_number = [0 for i in range(MAX) ]
17
18     for i in range( 0, MAX ): rand_number[i] = r.rand( )
19
20     f = open('rand_20.txt','w')
```

```
21      for i in range(0,20):
22          f.write(str(rand_number[i])+", ")
23      f.close()
24
25  if __name__ == "__main__":
26      main()
```

実行結果　（ファイル rand_20.txt が，生成される。）

プログラム 1.8 に示したように，open('rand_20.txt','w') において，rand_20.txt はファイル名，'w' は書込みモードである。ファイルが存在しない場合は自動的に作成される。書込みモードを 'a' とすれば，追加モードとなる。

ファイルへの書込みは，write( ) メソッドを用いて，カンマ（,）区切りで処理されている。改行コードを用いていないので，すべてのデータが 1 行で出力される。

```
for i in range(0,MAX): f.write(str(rand_number[i])+", ")
```

・テキストファイルの入力（read( ) メソッドの利用）

つぎに，このテキストファイルを読み込んで表示するプログラムを**プログラム 1.9** に示す。このテキストファイルには，カンマ（,）区切りで数字が入っているので，split( ) メソッドで String 型の配列（str）に分割している。

プログラム 1.9　テキストファイルからの入力（file_input.py）

```
1   # file_input.py    (1-9)
2
3   def main():
4       MAX = 20
5       rand_number = [ 0 for i in range(MAX) ]
6       try:
7           f = open('rand_20.txt','r')
8           for line in f:
9               s = line.split(',')
10              for i in range(0,MAX):
11                  rand_number[i] = int(s[i].strip())
12                  print("{:5d}".format(rand_number[i]),end="")
13          f.close()
14      except IOError as e: print(e)
15
16  if __name__ == "__main__":
17      main()
```

実行結果 ••

```
61,38,16,90,0,63,38,35,54,60,18,9,78,1,64,83,63,91,93,12,
```

なお，大量のデータのファイル入出力をする場合には，ファイルの可読性をよくするために，改行とフォーマッティングされたデータを扱うことが多い。以下のプログラムは，そのような考え方によるものである。

ファイル出力の場合は，**プログラム 1.10** に示すように，format( ) メソッドでフォーマッティングされたデータを出力している。

プログラム 1.10　テキストファイルへの出力 2（file_output2.py）

```
1  # file_output2.py    (1-10)
2  
3  import array
4  from random import random
5  
6  class Random:
7      def __init__(self, min, max):  self.min = min; self.max = max
8      def rand( self ):
9          return  (int)(random() * ((self.max - self.min) + 1) ) + self.min
10 
11 def main():
12     MAX = 20
13     r = Random(0,100)
14     rand_number = [0 for i in range(MAX) ]
15     sf_number = ["" for i in range(MAX) ]
16 
17     for i in range(0,MAX):
18         rand_number[i] = r.rand( )
19         sf_number[i] = "{:5d}".format( rand_number[i] )
20 
21     f = open('rand_20F.txt','w')
22     for i in range(0,MAX):
23         if i%5 == 0: f.write("\n")
24         f.write(sf_number[i]+", ")
25     f.close()
26 
27 if __name__ == "__main__":
28     main()
```

実行結果 ••　（ファイル rand_20F.txt が，生成される。）

一方，ファイル入力の場合は，**プログラム 1.11** に示すように，空白文字に対する注意が必要である。すなわち，split( ) メソッドで分割された 5 桁の数字の先頭部分には空白文字が入っているが，この空白文字は，int 型などへの型変換の際に不要である。したがって，String クラスの strip( ) メソッドを用いて削除している。また，「sep=""」として「,（カンマ）」の前後の空白文字を除いている。

プログラム 1.11　テキストファイルからの入力 2（file_input2.py）

```
1  # file_input2.py   (1-11)
2  
3  def main():
4      MAX = 20
5      rand_number = [0 for i in range(MAX) ]
6      try:
7          f = open('rand_20.txt','r')
8          for line in f:
9              s = line.split(',')
10             for i in range(0,MAX):
11                 if s[i].strip()=="":break
12                 rand_number[i] = int(s[i].strip())
13                 if i%5 == 0: print()
14                 print("{:5d}".format(rand_number[i]), ",",sep="",end="")
15         f.close()
16     except IOError as e: print(e)
17 
18 if __name__ == "__main__":
19     main()
```

実行結果

```
   20,   85,   96,   55,   52,
   28,   27,   97,   43,    7,
    9,    8,   39,   27,   59,
   73,   83,   13,   31,   78,
```

(5) 日時の取扱い

センサなどから得られるデータや Web を用いて入力されるデータを処理する場合は，日時のデータを扱う場合が多い。ここでは，datetime モジュールを用いて，年，月，日，時間，分，秒などを取り出すことを考える。

・datetime モジュールの使用例

プログラム 1.12 は，datetime モジュールの動作を確認するテストプログラムである。now( ) メソッドで現在時刻を取り出し，2 つの方法で年月日時分秒を取り出している。(A) のブロックコメントを生かし，(B) のブロックコメントを外した場合も動作確認してほしい。いずれの方法でも同一の結果が得られる。

プログラム1.12 datetimeモジュールの使用例（datetime_app.py）

```
1   # datetime_app.py    (1-12)
2
3   from datetime import datetime
4
5   def main():
6       now = datetime.now()
7
8       #-------------(A)-----------------
9       yyyy = str(now.year)
10      MM = str(now.month)
11      dd = str(now.day)
12      HH = str(now.hour)
13      mm = str(now.minute)
14      ss = str(now.second)
15
16      #-------------(B)-----------------
17      """
18      yyyy = "{:%Y}".format(now)
19      MM = "{:%m}".format(now)
20      dd = "{:%d}".format(now)
21      HH = "{:%H}".format(now)
22      mm = "{:%M}".format(now)
23      ss = "{:%S}".format(now)
24      """
25      print("year = "+ yyyy + "  month= "+ MM + "  day   = "+ dd)
26      print("hour = "+ HH + "    min   = "+ mm + "  sec   = "+ ss)
27      print("SimpleDateFormat: {:%Y/%m/%d %H:%M:%S}".format(now))
28
29  if __name__ == "__main__":
30      main()
```

実行結果

```
year = 2019  month= 11  day  = 18
hour = 12    min  = 51  sec  = 28
SimpleDateFormat: 2019/11/18 12:51:28
```

(6) 外部プログラムの起動

外部のプログラムやシェルコマンドを起動するには，subprocessモジュールのrun( )メソッドを用いる。**プログラム1.13**に示す。

プログラム 1.13　外部プログラムの起動例（external_app.py）

```
1  # external_app.py   (1-13)
2
3  import subprocess
4
5  def main():
6
7      #--- windows ---
8      cmd = "cmd /c start cmd.exe /K python datetime_app.py"
9      #cmd = "calc";   #<----(a)
10     #cmd = "cmd /c start cmd.exe /K test" #<----(b)
11     #--- Linux ---
12     #cmd = "cal";       #<----(c)
13     #cmd = "java NowApp";  #<----(d)
14
15     print( cmd )
16     subprocess.run( cmd,shell = True )
17
18 if __name__ == "__main__":
19     main()
```

実行結果

```
year = 2019  month= 11  day  = 18
hour = 12    min  = 57  sec  = 44
SimpleDateFormat: 2019/11/18 12:57:44
```

ここでは，Windows のコマンド“cmd /c start cmd.exe /K python datetime_app.py”で，新しいコマンドプロンプトを起動し，プログラム 1.12 で作成した datetime_app を起動（python datetime_app.py）している。なお，プログラム 1.13 のコメント (a) をはずして実行すると，Windows 電卓が起動される。また，この方法はバッチファイルも起動できる。バッチファイルとして，test.bat を作成し，そこに下記を記入し，プログラム 1.13 のコメント (b) をはずして実行すると，上記と同等なことが可能である（test.bat に下記を記述）。

```
python  datetime_app.py
calc
```

なお，Linux の場合も subprocess モジュールの run( ) メソッドに，(c) や (d) のような Linux のコマンドを与えると，外部のプログラムを起動できる。この方法は，C などのほかの言語で作成されたプログラムを起動したい場合などに有用である。

(7) スリープ

プログラムの実行を一定時間停止するには，time モジュールの sleep( ) メソッドを用いる。time.sleep(5) とすると，5000 ミリ秒（msec）スリープする。**プログラム 1.14** にプログラムを示す。

プログラム 1.14 スリープ（sleep_app.py）

```
1  # sleep_app.py   (1-14)
2  
3  import time
4  from datetime import datetime
5  
6  def main():
7      now = datetime.now()
8      print("sleep start at ",now.second," (sec) ")
9      time.sleep(5)      # (5 sec)
10     now = datetime.now()
11     print("sleep end at   ", now.second," (sec) ")
12 
13 if __name__ == "__main__":
14     main()
```

実行結果

```
sleep start at 14 (sec)
sleep end at   19 (sec)
```

(8) キーボードからのデータ入力

標準入力は System クラスの in フィールドから取得できる。**プログラム 1.15** はキーボードからデータを入力するプログラムである。

プログラム 1.15 キーボードからのデータ入力（keybord.py）

```
1  # keybord.py   (1-15)
2  
3  import sys
4  
5  def main():
6      i = input("Input i= ")
7      f = input("Input f= ")
8      s = input("Input s= ")
9      print("i = ", i); print("f = ", f); print("s = ", s)
10 
11 if __name__ == "__main__":
12     main()
```

実行結果

```
Input i= 12
Input f= 55.5
Input s= test
i = 12  d = 55.5  s =test
```

(9) 定周期処理

Pythonのscheduleライブラリを利用すると定周期処理が容易に実現できる。なお，scheduleライブラリは，下記のpipコマンドを用いてインストールする必要がある。

```
pip install schedule
```

Windows 10の場合で上記のコマンドで失敗した場合には，以下を試みる。

・まず，Python3の最新バージョンをインストールする。

・つぎに，システム環境変数のpathにインストールしたPython3のインストール先を下記のように記載する。その際にすでにPython3のパスが記載されていれば，それより「上」に移動することに注意する。

※記載例　著者の場合

```
C:\Users\nagata\AppData\Local\Programs\Python\Python38-32
C:\Users\nagata\AppData\Local\Programs\Python\Python38-32\Scripts
```

プログラム1.16は定周期処理のプログラムである。このプログラムは1分ごとに定周期でjob( )関数に記述した処理が実行される。ここで，時間を扱うためにtimeモジュールのstrftime( )メソッドとstrptime( )メソッドを用いている。strftime( )メソッドは，時間から文字列への変換，strptime( )メソッドは文字列から時間への変換を行う。

プログラム1.16　定周期処理（periodic_app.py）

```
1  # periodic_app.py   (1-16)
2
3  import schedule
4  import time
5
6  def job():
7      t = time.strptime(time.ctime())
8      print(time.strftime("%Y/%m/%d %H:%M:%S", t))
9
```

```
10 def main():
11     period = 60             # (sec)
12     p = int(period/60)
13 
14     t = time.strptime(time.ctime())
15     min = time.strftime("%M",t); sec = time.strftime("%S",t)
16 
17     if period > 60: dt = period-(int(min)*60+int(sec))
18     else: dt = period - int(sec)
19 
20     print("### min = ",min,"  sec = ",sec); print("### waiting ... dt = ",dt)
21     time.sleep(dt)
22 
23     schedule.every(p).minutes.do(job)
24 
25     while True:
26         schedule.run_pending()
27         time.sleep(1)
28 
29 if __name__ == "__main__":
30     main()
```

実行結果

```
### min= 9  sec= 24
### waiting ... dt = 36
2019/08/09 11:10:00
2019/08/09 11:11:00
. . .
```

演習問題

1-1 クラスはオブジェクトを作成するためのひな型で，プログラマが定義した新しい型とみなされる。int，double など基本データ型というのに対して，これを［　　］という。［　　］に入る適切な用語はどれか。

ア オブジェクト型　　イ クラス型　　ウ メンバ型　　エ 構造体型

1-2 Python のクラスに関する説明で，適切なものはどれか。

ア インスタンスは Java のように new 演算子により生成する。
イ インスタンスはクラスを呼び出すだけで生成される。
ウ Python にはクラスという概念は存在しない。
エ Python のクラスのコンストラクタは，Java と同様にクラス名で始まらなければならない。

1-3 Python のメソッドに関する説明で，適切なものはどれか。

ア 戻り値のないメソッドの場合には，void を記述する。

イ　戻り値のないメソッドの場合には，voidの記述は必要でないが，戻り値がある場合はその型を記述する必要がある。
ウ　そもそも戻り値の型を記述する必要はない。
エ　Pythonにはメソッドという概念は存在しない。

1-4 Pythonのクラスのアトリビュートに関する説明で，適切なものはどれか。

ア　Pythonのクラスのアトリビュートは，すべて非公開なので，セッターとゲッターメソッドを用いてアクセスする。
イ　Pythonのクラスのアトリビュートは，値をセットする場合にはセッターメソッドが必要であるが，値の読出しのゲッターは不要である。
ウ　Pythonのクラスのアトリビュートは，すべて公開なのでドット演算子によりアクセスできる。
エ　Pythonのクラスのアトリビュートは，クラスの定義時にコンストラクタより前に定義する必要がある。

1-5 実行した結果として正しいものはどれか。

```
class A {
    def __init__(name):
        self.name = name

def main():
    m = A("ABC")
    print(m.name)

if __name__ == "__main__":
    main()
```

ア　コンパイルエラー　　イ　実行時エラー
ウ　name = ABC　　エ　name = "ABC"

1-6 実行した結果として正しいものはどれか。

```
def main():
a = [1,2,3]
for i in range(len(a)): sum += a[i]
print(“sum = ”, sum )
```

ア　コンパイルエラー　　イ　実行時エラー
ウ　何も表示されない　　エ　6

第2章　基本的なアルゴリズム

ソフトウエア設計手法の一つとして，**構造化プログラミング**（structured programming）がある。構造化プログラミングは，個々の処理を小さな単位に分解し，階層的な構造にしてわかりやすいプログラムを作成する技法である。プログラムは，連接（逐次），選択，反復（ループ）のみによって構築することが可能であるという考え方である。

本章では，フローチャート，判断としての if-else 文，そして，反復としての for 文，while 文，do-while 文について説明する。

2.1　フローチャート

フローチャート（flow chart）は，アルゴリズムをわかりやすく表すために，各処理を箱で表現し，処理の流れを，それらの箱との間の矢印で示す図である。フローチャートを用いることによって

1　問題解決の方法を視覚的に明確に表現できる。

2　処理手順の検証が可能となるため，問題点の発見が容易になる。

3　複数人でのプログラム開発時に情報の共有が可能になる。

などの利点がある。

フローチャートで用いられる記号は，日本産業規格（JIS）において「情報処理用流れ図記号」として示されている。ここでは，基本処理技術者試験の過去問題で利用されている代表的な記号を表 2.1 に示す。

表に示すように，データは平行四辺形，処理は長方形，定義済み処理は長方形の左右を二重線にした形で表現される。また，判断はひし形，反復は六角形2つを用いて処理を挟み込んだ形で表現される。なお，反復の表記には後述のように判断（ひし形）と処理（長方形）と矢印を付した制御の流れを表す線を用いても表現される。

表 2.1　フローチャートの代表的な記号

記　号	内　容
データ	媒体を指定しないデータを表す。
処理	任意の種類の処理機能を表す。
定義済み処理	別の場所で定義された1つ以上の演算または命令群からなる処理を表す。
判断 (N / Y)	条件に従って判断し分岐する機能を表す。
反復名 i：a, b, c … 反復名	2つの部分からなり，ループの始まりと終わりを表す。 i：変数名 a：初期値 b：増分 c：終了値
――――	制御の流れを表す。
端子	外部環境への出口，または外部環境からの入口を表す。

2.2 判　断

(1) 判断の構文

判断は，条件式の結果に対応して，別の処理を実施する制御構造であり，Python には if-else 文，if 文，if-elif-else 文がある。

まず，if-else 文のフローチャートと構文を図 2.1 に示す。

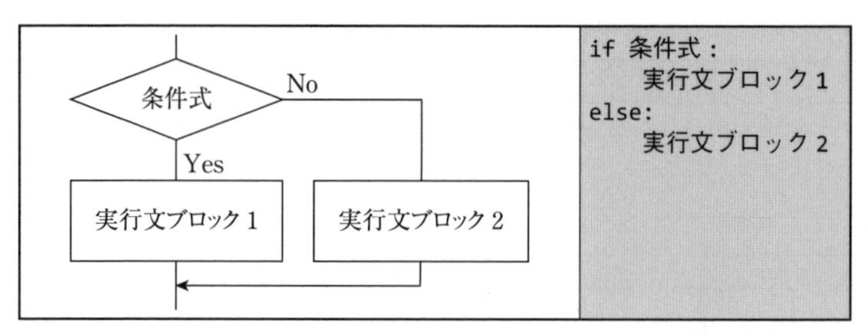

図 2.1　if-else 文の構文

if-else 文は，条件式を評価し，その結果が真（true）なら実行文ブロック1を，偽（false）なら実行文ブロック2を実行する。また，else 部がない場合の構文は図 2.2 であり，if 文と呼ばれる。

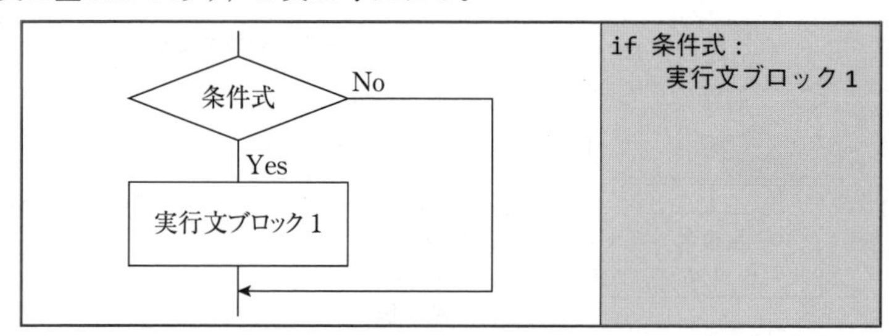

図 2.2　if 文の構文

つぎに，if-elif-else 文のフローチャートと構文を図 2.3 に示す。

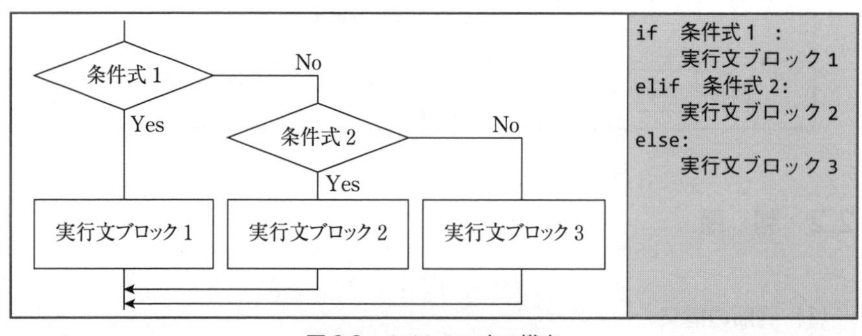

図 2.3　if-elif-else 文の構文

なお，実行文ブロックが1つの実行文であれば，：に引き続いて1行で記述できる。

(2) 関係演算子

条件式では，**関係演算子** (relational operator) を用いて 2 つの値が比較される。**表 2.2** に関係演算子を示す。

表 2.2　関係演算子

演算子	説　明	演算子	説　明
==	左辺と右辺の値が等しい	!=	左辺と右辺の値が等しくない
>	左辺が右辺の値より大きい	>=	左辺が右辺の値以上
<	左辺が右辺の値より小さい	<=	左辺が右辺の値以下

(3) 論理演算子

条件式では，関係演算子を使うことでさまざまな条件を記述することができるが，さらに**論理演算子** (logical operators) を使うことで複数の条件式を組み合わせた，より複雑な条件式を記述できる。**表 2.3** に論理演算子を示す。

表 2.3　論理演算子

演算子	説　明
and	論理積
or	論理和
not	否　定

(4) 3 項演算子

Python には，if-else 文の短縮形として動作する **3 項演算子**（ternary operator）がある。構文を以下に示す。条件式を評価し，真（True）なら実行文 1，偽（False）なら実行文 2 を処理する。

```
実行文１　if 条件式　else 実行文２
```

2.3 反復（ループ）

Python には，for 文，while 文，そして do-while 文の 3 種類のループ構造がある。以下，それぞれについて説明する。

(1) for 文

for 文は，単一の実行文や複数の実行文を指定の回数だけ繰り返し実行する

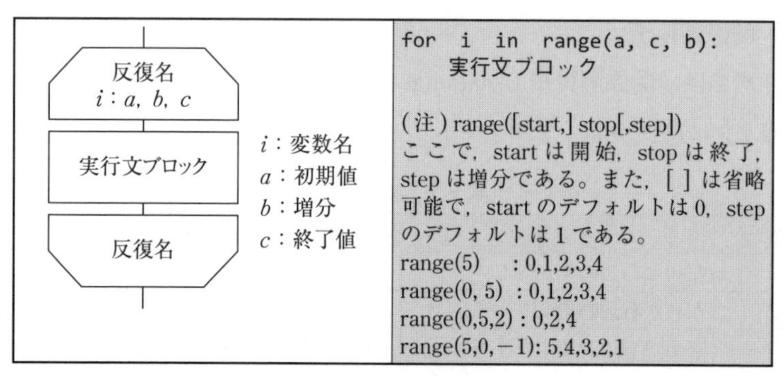

図 2.4　for 文の構文

場合に用いる。その構文を図 2.4 に示す。

なお，実行文ブロックが 1 つの実行文であれば，：に引き続いて 1 行で記述できる。

(2) for 文のプログラム例

プログラム 2.1 に for 文のプログラム例を示す。このプログラムは，10 個の整数の和を計算するものである。

プログラム 2.1　整数の和（intSum_for.py）

```
1  # intSum_for.py    (2-1)
2
3  def main():
4      a = [1,2,3,4,5,6,7,8,9,10]
5      sum = 0;
6      for i in range(0,10) : sum += a[i]
7      print( "sum = ",sum )
8
9  if __name__ == "__main__":
10     main()
```

実行結果

```
sum = 55
```

(3) while 文

2 番目のループ構成として，while 文を説明する。その構文を図 2.5 に示す。while ループは，条件式が真（true）である限り実行文を繰り返し，条件式が偽（false）になるとループは停止する。ループの先頭で条件式が評価されるので，**前判定**（pre-test loop）と呼ばれる。

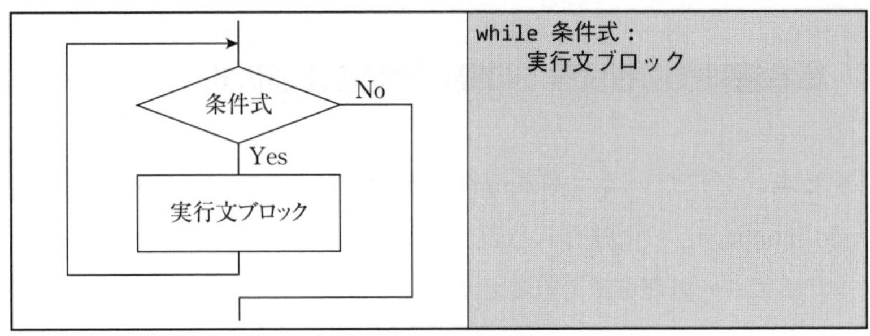

図 2.5　while 文の構文

(4) do-while 文

3番目のループ構成として，do-while 文を説明する。Python には，C や Java のような do-while 文の構文はないので，**無限ループ**（infinite loop）と break 文を用いて図 2.6 に示すように実現できる。無限ループは while 文の条件式を True とすることにより実現できる。

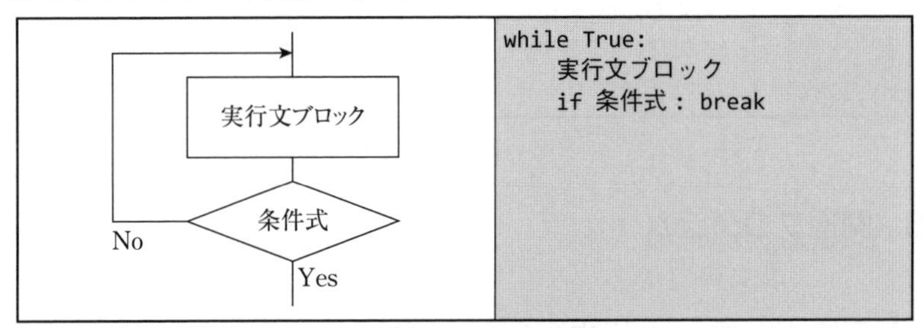

図 2.6　do-while 文の構文

do-while ループは，条件式が真（true）である限り実行文を繰り返し，条件式が偽（false）になるとループは停止する。ループの最後で条件式が評価されるので，**後判定**（post-test loop）と呼ばれる。

(5) for 文と while 文（do-while 文）との違い

for 文は，繰り返し回数があらかじめ既知の場合に用いられるが，while 文や do-while 文は，繰り返しの回数が未定の場合に用いられる。

また，while 文でも，条件式を True とすると無限ループが構成できる。無限ループを脱出する場合は，do-while 文と同様に break 文を用いる。break 文は，ループ内の任意の部分からループを脱出することができる。

2.4　基本情報技術者試験での疑似言語の記述形式

判断とループについて，基本情報技術者試験で用いられている**疑似言語**（pseudo language）の記述形式を**表 2.4** に示す。フローチャートを用いなくてもアルゴリズムの処理を考えることができるので，慣れることをお勧めする。

表 2.4　疑似言語の記述形式（基本情報技術者試験用）

判　断	if-else 文	if 文	
	▲ 条件式 　処理 1 ――― 　処理 2 ▼	▲ 条件式 　処理 ▼	
ループ	for 文	while 文	do-while 文
	■ 変数：初期値, 条件式, 増分 　処理 ■	■ 条件式 　処理 ■	■ 　処理 ■ 条件式

2.5　関連プログラム

(1) 反復（for 文，while 文，do-while 文）

プログラム 2.1 に示した 10 個の整数の和を計算するプログラムは，for 文を用いている。**プログラム 2.2** は，for 文に加えて，同一の処理を while 文と do-while 文で記述したものである。

プログラム 2.2　反復（for 文，while 文，do-while 文）（intSum.py）

```
1  # intSum.py   (2-2)
2  
3  def intsum_for(a, n):
4      sum = 0;
5      for i in range(0, n) : sum += a[i]
6      return sum
7  
8  def intsum_while(a, n):
9      sum = i =0
```

```
10      while i < n: sum += a[i]; i += 1
11      return sum
12
13  def intsum_do_while(a, n):
14      sum = i = 0
15      while True:
16          sum += a[i]; i += 1
17          if i == n: break
18      return sum
19
20  def main():
21      a = [1,2,3,4,5,6,7,8,9,10]; n = len(a)
22      sum = intsum_for(a, n); print("sum_for = ",sum)
23      sum = intsum_while(a, n); print("sum_while = ",sum)
24      sum = intsum_do_while(a, n); print("sum_do_while = ",sum)
25
26  if __name__ == "__main__":
27      main()
```

実行結果

```
sum_for      = 55
sum_while    = 55
sum_do_while = 55
```

(2) 処理時間の測定

アルゴリズムの効率を定量的に判定するためには，処理時間の測定が必要である。標準モジュール time の time( ) 関数を用いると，処理時間（秒）が計測される。

```
import time
start = time.time();
測定対象の処理
end = time.time();
print( str( (end - start)/1000) + “(msec)”)
```

プログラム 2.3 は，for 文，while 文，do-while 文において，空文（pass）を 1000000 回ループする処理時間を表示するプログラムである。実行結果より，高速な順に並べると，for 文，do-while 文，そして while 文となっていることがわかる。

プログラム 2.3　処理時間の測定（process_time.py）

```
1  # process_time.py     (2-3)
2
3  import time
4
5  def main():
```

```
6       start = time.time()
7       for i in range(0,1000000) : pass
8       end =  time.time()
9       print("for loop      : {:8.3f}".format((end - start)*1000)+" (msec)")
10
11      start = time.time()
12      i=0
13      while i<1000000 : i+=1
14      end =  time.time()
15      print("while loop    : {:8.3f}".format((end - start)*1000)+" (msec)")
16
17      start = time.time()
18      i=0
19      while True:
20          i+=1
21          if i >= 1000000 : break
22      end =  time.time()
23      print("do-while loop : {:8.3f}".format((end - start)*1000)+" (msec)")
24
25  if __name__ == "__main__":
26      main()
```

実行結果

```
for loop      :   38.002 (msec)
while loop    :  161.009 (msec)
do-while loop :  139.008 (msec)
```

（注）使用コンピュータにより値は異なる

(3) 複素数の取扱い

科学技術計算では，**複素数**（complex number）を扱う場合が多い。Pythonでは，組込み型として複素数を扱うための complex 型が準備されている。**プログラム 2.4** にその動作をテストするプログラムを示す。ここでは，2つの複素数 $c1 = 1 + 2j$ と $c2 = 3 + 4j$ を用いて，絶対値，和，積，除の結果を求めている。

プログラム 2.4　複素数のテスト（complex_app.py）

```
1   # complex_app.py    (2-4)
2
3   def main():
4       c1 = 1 + 2j
5       c2 = 3 + 4j
6       print("abs(c1) = ", abs(c1))
7       print("abs(c2) = ", abs(c2))
8       print("c1 + c2 = ", c1 + c2)
9       print("c1 * c2 = ", c1 * c2)
10      print("c1 / c2 = ", c1 / c2)
11
```

```
12 if __name__ == "__main__":
13     main()
```

実行結果 ••

```
abs(c1) = 2.23606797749979
abs(c2) = 5.0
c1 + c2 = (4+6j)
c1 * c2 = (-5+10j)
c1 / c2 = (0.44+0.08j)
```

演習問題

2-1 コンピュータで連立一次方程式の解を求めるのに，式に含まれる未知数の個数の 3 乗に比例する計算時間がかかるとする。あるコンピュータで 100 元連立一次方程式の解を求めるのに 2 秒かかったとすると，その 4 倍の演算速度をもつコンピュータで 1000 元連立一次方程式の解を求めるときの計算時間は何秒か。

ア　1000　　イ　600　　ウ　500　　エ　150

2-2 正の整数 M に対して，つぎの 2 つの流れ図に示すアルゴリズムを実行したとき，結果 x の値が等しくなるようにしたい。 a に入れる条件として，適切なものはどれか。

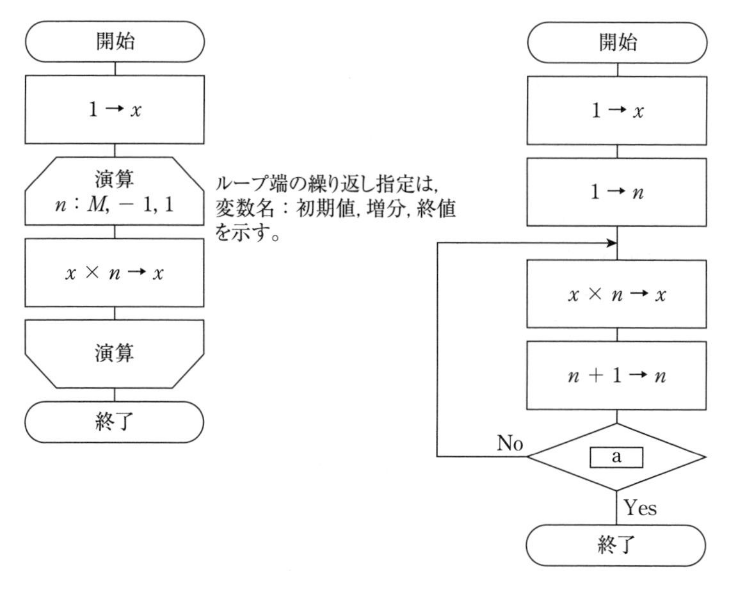

ア　$n < M$　　イ　$n > M - 1$　　ウ　$n > M$　　エ　$n > M + 1$

2-3 XとYの否定論理積 X NAND Y は，NOT(X AND Y) として定義される。X OR Y を NAND だけを使って表した論理式はどれか。

ア　((X NAND Y) NAND X) NAND Y

イ　(X NAND X) NAND (Y NAND Y)

ウ　(X NAND Y) NAND (X NAND Y)

エ　X NAND (Y NAND (X NAND Y))

2-4 整数型の変数AとBがある。AとBの値にかかわらず，つぎの2つの流れ図が同じ働きをするとき，[a] に入る条件式はどれか。ここで，AND，OR，$\overline{X}$ は，それぞれ論理積，論理和，Xの否定を表す。

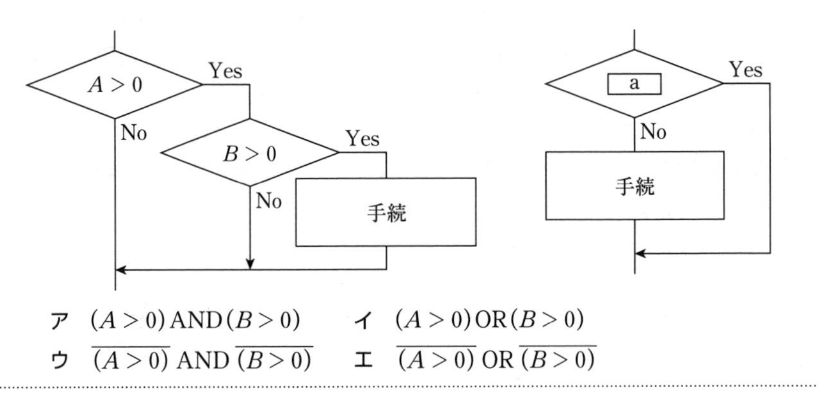

ア　$(A>0)$ AND $(B>0)$　　イ　$(A>0)$ OR $(B>0)$

ウ　$\overline{(A>0)}$ AND $\overline{(B>0)}$　　エ　$\overline{(A>0)}$ OR $\overline{(B>0)}$

2-5 プログラムの制御構造に関する記述のうち，適切なものはどれか。

ア　“後判定繰返し”は，繰返し処理の先頭で終了条件の判定を行う。

イ　“双岐選択”は，前の処理に戻るか，つぎの処理に進むかを選択する。

ウ　“多岐選択”は，2つ以上の処理を並列に行う。

エ　“前判定繰返し”は，繰返し処理の本体を1回も実行しないことがある。

2-6 つぎの流れ図は，1からN ($N \geqq 1$) までの整数の総和 ($1 + 2 + \cdots + N$) を求め，結果を変数xに入れるアルゴリズムを示している。流れ図中の [a] に当てはまる式はどれか。

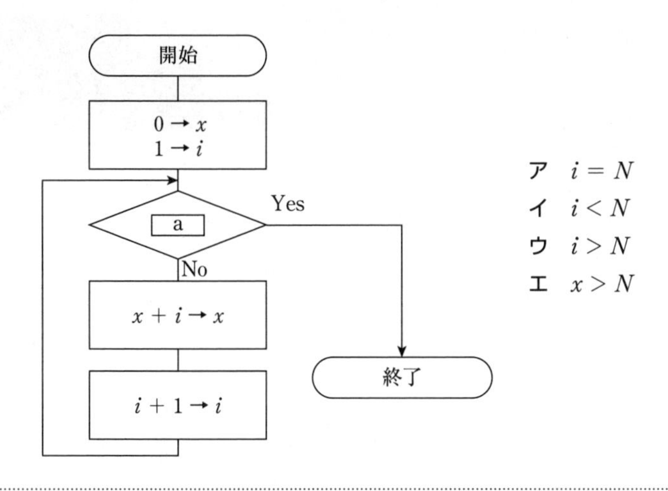

2-7 つぎの流れ図は，10 進整数 $j(0 < j < 100)$ を 8 桁の 2 進数に変換する処理を表している。2 進数は下位桁から順に，配列の要素 NISHIN(1) から NISHIN(8) に格納される。流れ図の [a] および [b] に入る処理はどれか。ここで，j div 2 は j を 2 で割った商の整数部分を，j mod 2 は j を 2 で割った余りを表す。

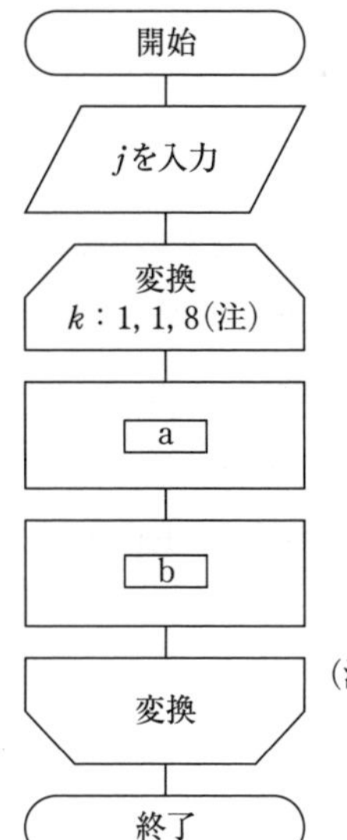

	a	b
ア	j div 2 → j	j mod 2 → NISHIN(k)
イ	j div 2 → NISHIN(k)	j mod 2 → j
ウ	j mod 2 → j	j div 2 → NISHIN(k)
エ	j mod 2 → NISHIN(k)	j div 2 → j

(注)ループ端の繰り返し指定は，変数名：初期値，増分，終値を示す。

第3章 配 列

Pythonの配列の実装にはおもに3種類の方法がある。まず，他言語でも利用されている同一型の複数のデータを一括して扱うデータ構造として，標準ライブラリの**配列**（array）を用いる方法である。つぎに，外部ライブラリの**NumPy配列**（NumPy dimension）を用いる方法である。**NumPy**はPythonで高速に科学技術計算をする際のツール（外部ライブラリ）の一つであり，多次元配列や線形代数やフーリエ変換などの高レベルな数学関数が用意されており，**深層学習**（deep learning）の実装にも利用されている。3つ目は，いろいろな型が混在した複数のデータを一括して扱うデータ構造として，**リスト**（list）を用いる方法である。これらの配列は，配列全体を表す配列名と配列要素の番号を表す**添え字**（index）で管理される。

本章では，配列と多次元配列および関連プログラムについて説明する。なお，以下の説明ではNumPy配列とリストを中心に述べる。

3.1 配列とは

(1) 一次元配列

配列は，同一型の変数である構成要素の集合である。構成要素の型は，int型，float型のようなPythonの**プリミティブ型**（primitive type）のみでなく，String型やプログラマーが作成したクラスのような**参照型**（reference type）も含まれる。ここでは，**図3.1**に示すint型の配列を例にして説明する。

ここで，生成するのは，図に示すように配列本体への**参照**（reference）で

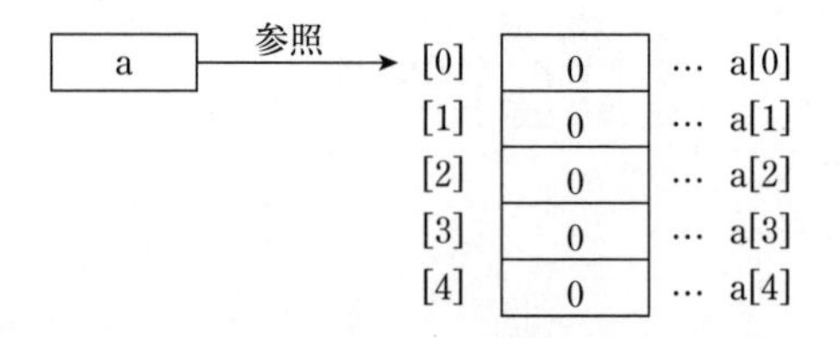

図3.1 一次元配列

ある。その参照先が a に代入される。これにより，a[0], a[1], a[2], a[3], a[4] という 5 個の要素からなる配列が確保される。配列の添え字（**インデックス**）は，0 から始まることに注意が必要である。

① NumPy 配列

NumPy は Python で数値計算を高速に行うための拡張モジュールである。NumPy モジュールを利用すると，高速に動作する「多次元配列」オブジェクトを利用できる。本書ではこのような NumPy モジュールによる配列を **NumPy 配列**と呼ぶ。

まず，NumPy は外部モジュールであるので，あらかじめインストールする必要がある。インストールは，以下のように Python のパッケージ管理ツール pip コマンドを用いて行う。

```
pip install numpy
```

NumPy モジュールは慣例として np という名前でインポートして用いられる。int 型の各要素が 0 で要素数が 5 個の配列は，以下のように np.zeros( ) 関数により生成できる。

```
import numpy as np

a = np.zeros(5, dtype = int)
for i in a : print(i)
print("size = "+ str(a.size))   # 要素数
```

以下に，np.zeros( ) 関数の構文を示す。

```
np.zeros(shape[, dtype=float][,  order='C'])
```

ここで，shape はスカラーやタプルによって配列の各次元の大きさを表す属性，dtype はデータ型（int, float, complex など）を表す属性，order は 'C'（C-style：行優先順）または 'F'（Fortran-style：列優先順）である。[ ] は，省略可を意味している。省略時は dtype ＝ float，order ＝ 'C' となる。また，NumPy 配列の全要素数は size 属性で求められる。

また，上記の方法で int 型配列を生成すると，各要素は 0 で初期化されているが，np.array( ) 関数を用いると任意の値で初期化することも可能である。

```
import numpy as np

a = np.array([28, 32, 64, 1, 3])
for i in a : print(i)
print("size = ",a.size)   # 要素数
```

②リスト

つぎに，組込み型のリストを用いて int 型の各要素が 0 で要素数が 5 個の配列を生成する。リストの全要素数は len( ) 関数で求められる。

```
a = [0 for i in range(5) ]
for i in a : print(i)
print("size = ",len(a))   # 要素数
```

なお，同一の値でリストを初期化するには，以下の方法もある。

```
a = [0] * 5         # [0,0,0,0,0]
b = [None]*5        # [None,None,None,None,None]
```

また，以下のようにして任意の値で初期化することも可能である。

```
a = [ 28, 32, 64, 61, 29 ]
b = [ "C","Y","T","N","K" ]
```

配列の各要素は，“配列名 [インデックス] ” でアクセスできる。また，配列要素数は，len( ) 関数で，以下のようにして取り出すことができる。

```
len(a)
```

したがって，図 3.1 における要素の内容表示は以下で可能である。

```
for i  in  range(len(a)):  print("a[" +i+"] = " + str( a[i]))
```

(2) 一次元配列とループの例

一次元配列の要素の最小値と最大値を求めるプログラムを考える。**図 3.2** (a) は最小値を求めるフローチャートである。その考え方は，まず，a[0] の要素をとりあえず最小値（min）としてセットし，a[1] ～ a[4] を反復し，その中で min より小さい要素が現れた場合は，その値で min を置き換える。反復終了時に min に最小値がセットされている。最大値を求める処理も同様であるので説明は省略する。

プログラム 3.1 にリストを用いて最小値と最大値を求めるプログラムを示す。図に示したように，min( ) 関数と max( ) 関数を実装している。

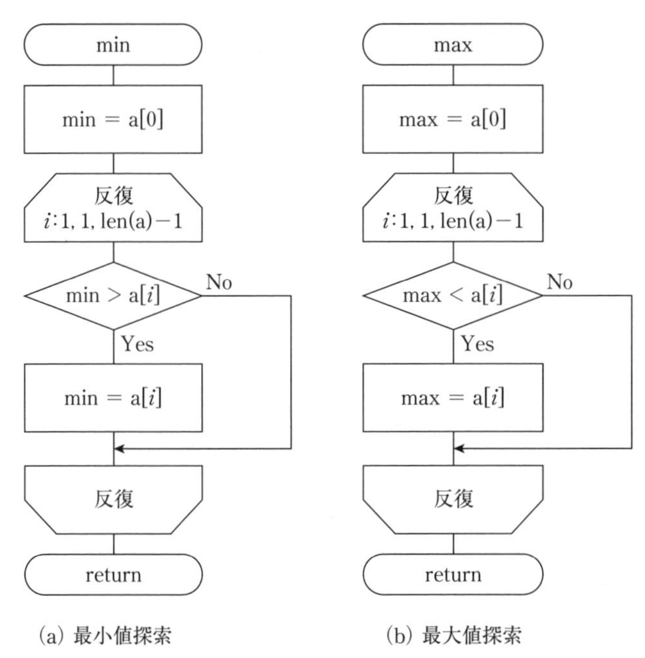

(a) 最小値探索　　(b) 最大値探索

図 3.2　最小値・最大値探索

プログラム 3.1　最小値・最大値探索（int_minmax.py）

```
1  # int_minmax.py    (3-1)
2  
3  def min(a):
4      min = a[0]
5      for i in range(1,len(a)):
6          if min > a[i] : min = a[i]
7      return min
8  
9  def max(a):
10     max = a[0]
11     for i in range(1,len(a)):
12         if max < a[i] : max = a[i]
13     return max
14 
15 def main():
16     a = [28,32,64,61,29]; print(a)
17     print("min = ",min(a),"  max = ",max(a))
```

```
18
19 if __name__ == "__main__":
20     main()
```

実行結果 ••

```
[28, 32, 64, 61, 29]
min = 28  max = 64
```

一方，NumPy 配列の np.amin( ) メソッドや np.amax( ) メソッドを用いても最小値や最大値を求めることができる。**プログラム 3.2** にそのプログラムを示す。このように NumPy 配列のメソッドを利用すると，研究や開発におけるプログラミング時間を短縮できる。

プログラム 3.2　NumPy 配列の最小値・最大値探索（int_np_minmax.py）

```
1  # int_np_minmax.py    (3-2)
2
3  import numpy as np
4
5  def main():
6      a = np.array( [28, 32, 64, 61, 29])
7  for i in a : print(i, "  ", end="")
8      print()
9  print("min = ",np.amin(a),"  max = ",np.amax(a))
10
11 if __name__ == "__main__":
12     main()
```

実行結果 ••

```
28, 32, 64, 61, 29
min = 28  max = 64
```

3.2　多次元配列

多次元配列（multi-dimensional array）は，配列を構成要素型とする配列として表現される。以下，二次元配列について説明する。

(1)　二次元配列

二次元配列は，一次元配列を構成要素型としている。ここでは，**図 3.3** に示す int 型の配列を例にして説明する。図のような 3 行 2 列の配列は，リストを用いて以下のように生成することができる。

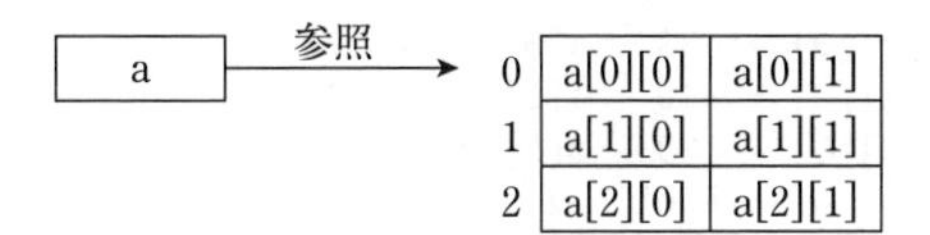

図 3.3 二次元配列

```
rows, cols = 3, 2
a = [[0 for i in range(rows)] for j in range(cols)]
```

配列の要素には，行と列のインデックスを指定することによりアクセスが可能である。各次元のインデックスは0から始まっている。また，以下のようにして任意の値で初期化することも可能である。

```
a = [ [ 33, 71 ], [ -16, 45 ], [ 99, 27 ] ]
```

多次元配列の行数は，下記のようにして取り出すことができる。

```
len(a)
```

個々の配列の列数は，下記のようにして取り出すことができる。

```
len(a[0])
```

(2) 多次元配列のループの例

多次元配列と反復の例として，二次元配列の要素の値を表示するプログラムを示す。プログラム 3.3 は，リストを用いて 3 行× 2 列の二次元配列の各要素の値を表示するものである。

プログラム 3.3 二次元配列（two_dim_array.py）

```
1  # two_dim_array.py    (3-3)
2
3  def main():
4      rows, cols = 3, 2
5      a = [[33,71],[-16,45],[99,27]]
6      for i in range(0, rows):
7          for j in range(0, cols):
8              print("a[",i,"][",j,"] = {:3d}".format(a[i][j])+"  ", end="")
9          print()
10     print("nrow = ",len(a)," ncol = ",len(a[0]))
11
12 if __name__ == "__main__":
13     main()
```

実行結果

```
a[0][0] =  33   a[0][1] =  71
a[1][0] = -16   a[1][1] =  45
a[2][0] =  99   a[2][1] =  27
nrow = 3  ncol = 2
```

一方，プログラム 3.4 に NumPy 配列を用いたプログラムを示す。ここで，shape 属性は，配列の各次元の大きさを表す属性であり，二次元配列の行数は shape[0] に，列数は shape[1] で得ることができる。

プログラム 3.4　NumPy 配列による二次元配列（two_dim_np_array.py）

```
1  # two_dim_np_array.py    (3-4)
2
3  import numpy as np
4
5  def main():
6      a = np.array([[33,71],[-16,45],[99,27]])
7      print(a)
8      print(a.shape)
9      print("nrow = ",a.shape[0]," ncol = ",a.shape[1])
10
11 if __name__ == "__main__":
12     main()
```

実行結果

```
[[ 33  71]
 [-16  45]
 [ 99  27]]
(3, 2)
nrow = 3 ncol = 2
```

3.3　クラスの配列

第1章で作成した Student クラス（プログラム 1.2）を用いて，クラスの配列について説明する。クラス配列の利用例をプログラム 3.5 に示す。この例では，5名の学生のデータをセットするために，最初に s = [None] * 5 で，クラス配列のサイズを確保する必要がある。そして，Student クラスのコンストラクタにより，クラス配列にデータをセットし，その内容を表示している。

プログラム 3.5 Student クラスの配列の利用（student_array_app.py）

```
1  # student_array_app.py    (3-5)
2
3  from Student import Student
4
5  def main():
6      s = [None] * 5
7      s[0] = Student( 1, "T", 64 )
8      s[1] = Student( 2, "C", 28 )
9      s[2] = Student( 3, "N", 61 )
10     s[3] = Student( 4, "Y", 32 )
11     s[4] = Student( 5, "K", 29 )
12     for i in range(0,5) :
13        print("{", s[i].no, " " , s[i].name, " ", s[i].age, "} ", end="")
14
15 if __name__ == "__main__":
16     main()
```

実行結果

```
{ 1 T 64 } { 2 C 28 } { 3 N 61 } { 4 Y 32 } { 5 K 29 }
```

学生の数が未定の場合，append( ) メソッドを用いることができる。このプログラムを最初に配列のサイズを決めないようにしたものを**プログラム 3.6** に示す。リストのサイズは，size( ) メソッドで取り出すことができる。

プログラム 3.6 Student クラスの append( ) メソッドの利用（student_list_app.py）

```
1  # student_list_app.py    (3-6)
2
3  from Student import Student
4
5  def main():
6      s = []
7      s.append(Student( 1, "T", 64 )); s.append(Student( 2, "C", 28 ))
8      s.append(Student( 3, "N", 61 )); s.append(Student( 4, "Y", 32 ))
9      s.append(Student( 5, "K", 29 ))
10
11     for i in range(0,5) :
12        print("[",s[i].no, s[i].name, s[i].age, "] ", end="")
13
14     print()
15     for i in range(0,5) : print(s[i].no," ", end="")
16     print()
17     for i in range(0,5) : print(s[i].name," ", end="")
18     print()
19     for i in range(0,5) : print(s[i].age," ", end="")
20
21 if __name__ == "__main__":
```

```
22      main()
```

実行結果

```
[ 1 T 64 ] [ 2 C 28 ] [ 3 N 61 ] [ 4 Y 32 ] [ 5 K 29 ]
1 2 3 4 5
T C N Y K
64 28 61 32 29
```

3.4 関連プログラム

(1) 2重ループ

2重ループの例として，**プログラム 3.7** に九九の表を表示するプログラムを示す。このプログラムでは，外側のループインデックスを i，内側のループインデックスを j としている。

プログラム 3.7 2重ループ（double_loop.py）

```
1  # double_loop.py     (3-7)
2  
3  def main():
4      for i in range(1,10) :
5          for j in range(1,10): print("{:3d}".format(i*j)," ", end="")
6          print()
7  
8  if __name__ == "__main__":
9      main()
```

実行結果

```
1  2  3  4  5  6  7  8  9
2  4  6  8 10 12 14 16 18
3  6  9 12 15 18 21 24 27
4  8 12 16 20 24 28 32 36
5 10 15 20 25 30 35 40 45
6 12 18 24 30 36 42 48 54
7 14 21 28 35 42 49 56 63
8 16 24 32 40 48 56 64 72
9 18 27 36 45 54 63 72 81
```

(2) 2重ループ（外部ループのインデックスを内部ループで使用）

2重ループにおいて，外部ループのインデックスを内部ループで使用する例として，**プログラム 3.8** に文字 “O” で直角三角形を表示するプログラムを示す。外側のループインデックスを i，内側のループインデックスを j としている。

プログラム 3.8 2重ループ（外部インデックスを内部ループで使用）（double_loop2.py）

```
1  # double_loop2.py    (3-8)
2
3  def main():
4      n = 10
5      for i in range(1,n) :
6          for j in range(1,i): print("O ", end="")
7          print()
8
9  if __name__ == "__main__":
10     main()
```

実行結果

```
0
00
000
0000
00000
000000
0000000
00000000
000000000
```

(3) 行列計算

科学技術計算では，行列（matrix）を扱う場合が多い。NumPy配列を用いると行列計算が容易に実装できる。ここでは，行列計算のプログラムを示す。**プログラム3.9**にその動作テストのプログラムを示す。ここでは，以下の行列とベクトルを用いる。

$$A=\begin{pmatrix}1 & 2 & 3\\ 4 & 5 & 6\\ 7 & 8 & 9\end{pmatrix},\quad B=\begin{pmatrix}1 & 2 & 3\\ 4 & 5 & 6\\ 7 & 8 & 9\end{pmatrix},\quad x=\begin{pmatrix}1\\ 2\\ 3\end{pmatrix},\quad y=\begin{pmatrix}4\\ 5\\ 6\end{pmatrix}$$

そして，プログラム3.9のテストプログラムは，下記の行列の和（matrix addition）と行列の積（matrix multiplication），およびベクトルの内積（dot product）を示している。

$$A+B=\begin{pmatrix}2 & 4 & 6\\ 8 & 10 & 12\\ 14 & 16 & 18\end{pmatrix},\ A\times B=\begin{pmatrix}30 & 36 & 42\\ 66 & 81 & 96\\ 102 & 126 & 150\end{pmatrix},\ x^T y=\begin{pmatrix}1 & 2 & 3\end{pmatrix}\begin{pmatrix}4\\ 5\\ 6\end{pmatrix}=32$$

プログラム 3.9　行列計算（matrix_np.py）

```
1  # matrix_np.py    (3-9)
2
3  import numpy as np
4
5  def main():
6      I = np.eye(3,dtype=float)
7      A = np.array([ [1,2,3],[4,5,6],[7,8,9] ],dtype=float)
8      B = np.array([ [1,2,3],[4,5,6],[7,8,9] ],dtype=float)
9      x = np.array([1,2,3],dtype=float)
10     y = np.array([4,5,6],dtype=float)
11     C = np.matmul(A, B)
12
13     print("--- Identity Matrix ---"); print( I )
14     print("--- A ---"); print( A )
15     print("--- B ---"); print( B )
16     print("--- C = A + B ---"); print( A + B )
17     print("--- C = A * B ---"); print( C )
18     print("--- x ---"); print(x)
19     print("--- y ---"); print(y)
20     print("--- x^Ty ---"); print(np.dot(x,y))
21
22 if __name__ == "__main__":
23     main()
```

実行結果

```
--- Identity Matrix ---
[[1. 0. 0.]
 [0. 1. 0.]
 [0. 0. 1.]]
--- A ---
[[1. 2. 3.]
 [4. 5. 6.]
 [7. 8. 9.]]
--- B ---
[[1. 2. 3.]
 [4. 5. 6.]
 [7. 8. 9.]]
--- C = A + B ---
[[ 2.  4.  6.]
 [ 8. 10. 12.]
 [14. 16. 18.]]
--- C = A * B ---
[[ 30.  36.  42.]
 [ 66.  81.  96.]
 [102. 126. 150.]]
--- x ---
[1. 2. 3.]
```

```
--- y ---
[4. 5. 6.]
--- x^Ty ---
32.0
```

(4) 連立方程式の解

Pythonでは，NumPy配列を用いると容易に線形連立方程式を解くことができる。つぎのような線形方程式系の解を求めることを考える。

$$\begin{cases} 2x_1 + 4x_2 + 2x_3 = 8 \\ 4x_1 + 10x_2 + 3x_3 = 17 \\ 3x_1 + 7x_2 + x_3 = 11 \end{cases}$$

これを行列で表すと以下のようになる。

$$Ax = b \qquad A = \begin{pmatrix} 2 & 4 & 2 \\ 4 & 10 & 3 \\ 3 & 7 & 1 \end{pmatrix} \qquad x = \begin{pmatrix} x_1 \\ x_2 \\ x_3 \end{pmatrix} \qquad b = \begin{pmatrix} 8 \\ 17 \\ 11 \end{pmatrix}$$

したがって，Aが正則で逆行列を持つので，解は以下のように求めることができる。

$$x = A^{-1}b$$

プログラム3.10にそのテストプログラムを示す。np.linalg.inv(A)で逆行列を計算している。

プログラム3.10 連立方程式の解（linear_equations.py）

```
1  # linear_equations.py    (3-10)
2
3  import numpy as np
4
5  def main():
6      A = np.array([[2, 4, 2], [4, 10, 3], [3, 7, 1]], dtype=float)
7      b = np.array([8, 17, 11], dtype=float)
8      print("--- A -----------"); print( A )
9      print("--- b -----------"); print( b )
10     Ainv = np.linalg.inv(A)          # inv(A)
11     x = np.dot(Ainv, b)              # inv(A)b
12     print("--- x -----------"); print(x)
13
14 if __name__ == "__main__":
15     main()
```

実行結果

```
--- A -----------
[[ 2.  4.  2.]
 [ 4. 10.  3.]
 [ 3.  7.  1.]]
--- b -----------
[ 8. 17. 11.]
--- x -----------
[1. 1. 1.]
```

演習問題

3-1 長さ m, n の文字列をそれぞれ格納した配列 X, Y がある。図は，配列 X に格納した文字列の後ろに，配列 Y に格納した文字列を連結したものを配列 Z に格納するアルゴリズムを表す流れ図である。図中の［a］，［b］に入れる処理として，正しいものはどれか。ここで，1文字が1つの配列要素に格納されるものとする。

	a	b
ア	$X(k) \to Z(k)$	$Y(k) \to Z(m+k)$
イ	$X(k) \to Z(k)$	$Y(k) \to Z(n+k)$
ウ	$Y(k) \to Z(k)$	$X(k) \to Z(m+k)$
エ	$Y(k) \to Z(k)$	$X(k) \to Z(n+k)$

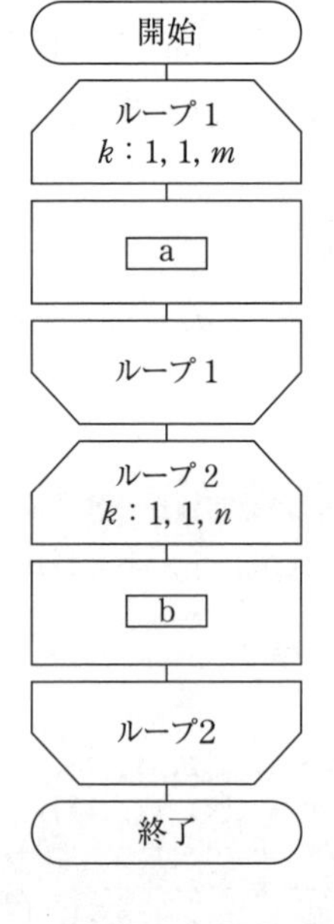

(注)ループ端の繰り返し指定は，変数名：初期値，増分，終値を示す。

3-2 整数値からなる n 個（ただし，$n \geqq 2$）のデータが，配列 T に格納されている。つぎの流れ図は，それらのデータを交換法を用いて昇順に整列する処理を示す。流れ図中の ［a］ に入れるべき適切な条件はどれか。

ア　$T(j) < T(j+1)$

イ　$T(j) < T(j-1)$

ウ　$T(j) = T(j-1)$

エ　$T(j) > T(j+1)$

オ　$T(j) > T(j-1)$

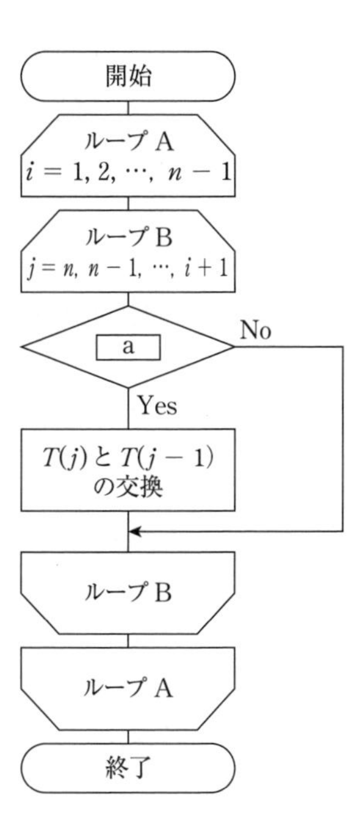

3-3 配列 A が図2の状態のとき，図1の流れ図を実行すると，配列 B が図3の状態になった。図1の［ a ］に入れるべき操作はどれか。ここで，配列 A，B の要素をそれぞれ $A(i, j)$，$B(i, j)$ とする。

ア　$B(7-i, j) \leftarrow A(i, j)$　イ　$B(7-j, i) \leftarrow A(i, j)$

ウ　$B(i, 7-j) \leftarrow A(i, j)$　エ　$B(j, 7-i) \leftarrow A(i, j)$

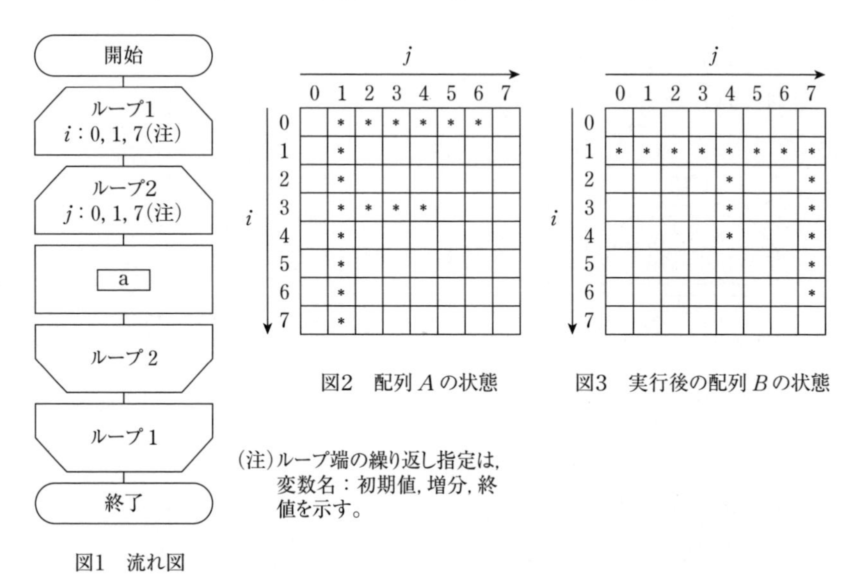

図1　流れ図

i \ j	0	1	2	3	4	5	6	7
0		*	*	*	*	*	*	
1		*						
2		*						
3		*	*	*	*			
4		*						
5		*						
6		*						
7		*						

図2　配列 A の状態

i \ j	0	1	2	3	4	5	6	7
0								
1	*	*	*	*	*	*	*	*
2					*			*
3					*			*
4					*			*
5								*
6								*
7								

図3　実行後の配列 B の状態

第4章 再 帰

複雑な問題を解く技法の1つとして**分割統治法**（divide and conquer method）がある。分割統治法は，そのままでは解決できない大きな問題を小さな問題に分割し，そのすべてを解決することで，最終的に最初の問題全体を解決する方法である。分割統治法で問題を解こうとする場合に，本章で扱う**再帰**（recursive）の考え方が必要になる。

本章では，再帰について説明し，例題として階乗，ユークリッドの互除法，ハノイの塔について説明する。

4.1 再帰とは

再帰とは，「自分で自分を呼び出す」ことである。Python では，関数の中で，その関数への参照が含まれる構造のことである。また，ある x の定義に x 自身を用いることを再帰と呼び，そのような定義を**再帰的定義**（recursive definition）という。

例えば，n の階乗（$n!$）は，次式のように定義される。左辺の「n の階乗」を右辺の「$(n-1)$ の階乗」で定義している。これが再帰的定義である。

```
n! = n × (n-1)!
```

再帰の利用により，プログラムを簡潔に記述することができるが，再帰を使わないほうが高速なプログラムになる場合もあるので，利用時には注意を要する。

再帰を実装する場合には，以下の点に注意が必要である。

- 再帰は，終了条件をもたなければならない。
- 再帰は，自分で自分を呼び出しながら，終了条件へ進んでいかなければならない。

4.2 階 乗

(1) アルゴリズム

それでは，階乗（factorial）のアルゴリズムについて説明する。n の階乗 fact(n) の計算について，再帰による方法を説明する。非負の整数 n の階乗は，以下のように定義される。ここで，①は終了条件である。

$$\mathrm{fact}(n) = \begin{cases} 1 & : n = 0 \quad \cdots ① \\ n \times \mathrm{fact}(n-1) & : \mathrm{other} \quad \cdots ② \end{cases}$$

(2) 実 装

プログラム 4.1 に n の階乗を計算するプログラムを示す。このプログラムの動作をトレースすると表 4.1 のようになる。

プログラム 4.1　n の階乗の計算（factorial.py）

```
1  # factorial.py    (4-1)
2  
3  def fact(n):
4      if n > 0 : return n * fact(n - 1)
5      else:  return 1
6  
7  def main():
8      n = 3
9      result = fact(n)
10     print("Factrial of " ,n," = ",result)
11 
12 if __name__ == "__main__":
13     main()
```

実行結果 ••

```
Factrial of 3 = 6
```

表 4.1　fact(3) の再帰呼出し（3 の階乗）

step 1	fact(3) が呼び出されると，3 × fact(2) が戻される。
step 2	fact(2) が呼び出され，2 × fact(1) が戻される。
step 3	fact(1) が呼び出され，1 × fact(0) が戻される。
step 4	fact(0) が呼び出されるが，この場合は終了条件により，1 が戻される。
step 5	fact(1) は，1 × fact(0) = 1 × 1 = 1 を戻す。
step 6	fact(2) は，2 × fact(1) = 2 × 1 = 2 を戻す。
step 7	fact(3) は，3 × fact(2) = 3 × 2 = 6 を戻す。3! = 6 が得られ，終了。

4.3 ユークリッドの互除法

(1) アルゴリズム

ユークリッドの互除法（Euclidean algorithm）は，与えられた2つの整数 n，m の**最大公約数**（greatest common divisor）を求める手法である。n を m で割った余りを r とすると，n と m の最大公約数は，m と r の最大公約数に等しいという性質を利用して求められる。すなわち，n と m の最大公約数は，以下のように定義される。ここで，①は終了条件である。

$$\mathrm{gcd}(n,\ m) = \begin{cases} n & : m = 0 \quad \cdots① \\ \mathrm{gcd}(m, n\%m) & : \mathrm{other} \quad \cdots② \end{cases}$$

求める最大公約数を gcd(n, m)，$n > m > 0$ とし，n を m で割った余りを r とする。もし，$r = 0$ であれば，gcd(n, m) $= n$ である。$r \neq 0$ であれば，n と m を m と r にそれぞれ置き換えて gcd(m, r) とし，同じ作業を繰り返す。この結果，r が 0 になったときの除数が n と m の最大公約数となる。

例えば，$n = 928$，$m = 348$ の最大公約数を求めてみると，**表 4.2** のように計算できる。したがって，gcd(928, 348) $= 116$ が得られる。

表 4.2　gcd(928, 348) の再帰呼出し（928 と 348 の最大公約数）

gcd(928, 348)	928 / 348 ＝ 2　余り 232 (928 ＝ 2 × 348 ＋ 232)
gcd(348, 232)	348 / 232 ＝ 1　余り 116 (348 ＝ 1 × 232 ＋ 116)
gcd(232, 116)	232 / 116 ＝ 2　余り 0 (232 ＝ 2 × 116 ＋ 0)
gcd(116, 0)	116

(2) 実　装

問題を実装したプログラムを**プログラム 4.2** に示す。

プログラム 4.2　n と m の最大公約数（euclid_app.py）

```
1  # euclid_app.py    (4-2)
2  
3  def gcd(n, m):
4      if m == 0 : return n
5      else:  return gcd(m, n % m)
```

```
6
7  def main():
8      n = 928
9      m = 348
10     result = gcd(n, m)
11     print( "Greatest common divisor of ",n," = ",result )
12
13 if __name__ == "__main__":
14     main()
```

実行結果 ●●

```
Greatest common divisor of 928 = 116
```

4.4 ハノイの塔

(1) アルゴリズム

ハノイの塔（tower of Hanoi）は，小さい円盤が上になるように重ねられた n 枚の円盤を，3本の柱間で移動する問題である。すべての円盤の大きさは異なっていて，最初は，第1軸上に重ねられており，すべての円盤を第3軸に移動する問題である。ここで，移動は1枚ずつであり，より大きい円盤を上に重ねることができないという制約がある。

この問題は，再帰的な分割統治法によって解くことができる。すなわち，まず，n 枚の円盤の移動問題を $(n-1)$ 枚と1枚の円盤の移動問題に分割し，さらに，その $(n-1)$ 枚の円盤の移動問題を $(n-2)$ 枚と1枚の円盤の移動問題に再分割するというように，順次，小さな問題に分割して求めていく。

ハノイの塔の円盤の移動は，以下のように定義される。ここで，①は終了条件，n は円盤の枚数，o は開始軸（origin），i は中間軸（inter），d は目的軸（destination）である。

$$
\mathrm{move}(n,\ o,\ i,\ d) = \begin{cases} \text{"Disk}(n)\text{from}(o)\text{ to }(d)\text{"} & :n = 1 \quad \cdots ① \\ \mathrm{move}(n-1,\ o,\ d,\ i) & :\text{other} \quad \cdots ② \\ \text{"Disk}(n-1)\text{from}(o)\text{ to }(d)\text{"} & \\ \mathrm{move}(n-1,\ i,\ o,\ d) & \end{cases}
$$

図4.1は，$n=3$ の場合の解法であり，7手順で完了となる。この過程を**図4.2**

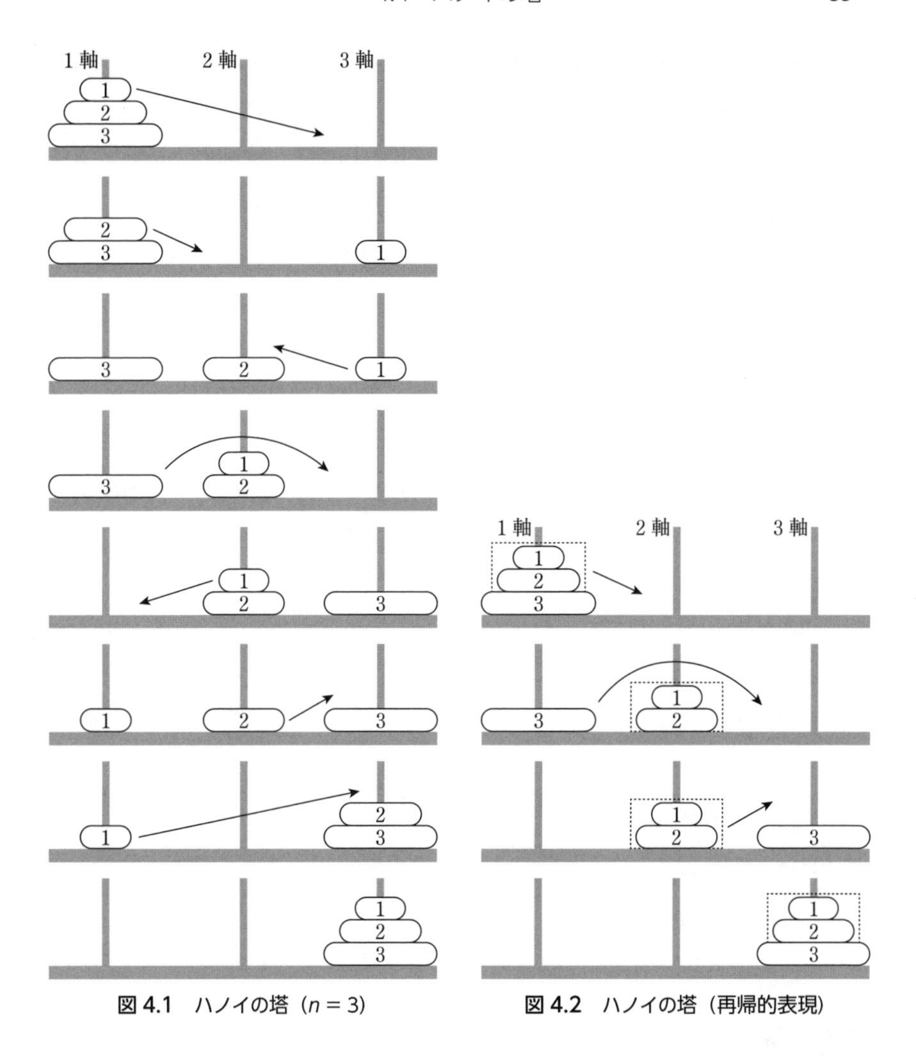

図 4.1　ハノイの塔（$n=3$）

図 4.2　ハノイの塔（再帰的表現）

に示す。一番大きい円盤とその上にのっている $(n-1)$ 枚の円盤に分割し，$(n-1)$ 枚の円盤をグループとして考え，第 2 軸に移動する。そして，一番大きい円盤を目的の第 3 軸に移動後，$(n-1)$ 枚の円盤を第 3 軸に移動すればよい。

この n 枚の円盤の移動問題は，以下のように再帰的に記述できる。

1. 底の円盤を除いたグループ $(n-1)$ 枚の円盤を，開始軸（origin）から目的軸（destination）を用いて，中間軸（inter）に移動する。

[2]　底の円盤の番号を，開始軸（origin）から目的軸（destination）へ移動させた旨を表示する。

[3]　底の円盤を除いたグループ $(n-1)$ 枚の円盤を，中間軸（inter）から開始軸（origin）を用いて，目的軸（destination）に移動する。

ここで，[1]と[3]には**再帰的呼出し**（recursive call）が用いられる。

(2) 実　装

プログラム 4.3 にプログラムと実行結果を示す。move( ) メソッドは，4つの引数をもっている。第1引数は円盤の数，第2引数は開始軸（origin），第3引数は中間軸（inter），第4引数は目的軸（destination）である。すなわち，move(3, ‘1’, ‘2’, ‘3’) は，「3枚の円盤を第1軸から第2軸を用いて第3軸に移動させる」メソッドであることを示している。

プログラム 4.3　ハノイの塔（hanoi_app.py）

```
1   # hanoi_app.py    (4-3)
2
3   def move(n, origin, inter, dest):
4       if n == 1 : print("Disk [1] from ",origin," to ",dest,sep = "")
5       else :
6           move(n - 1, origin, dest, inter)
7           print("Disk [",n,"] from ",origin," to ",dest,sep = "")
8           move(n - 1, inter, origin, dest)
9
10  def main():
11      n = 3
12      move(n, '1', '2', '3')
13
14  if __name__ == "__main__":
15      main()
```

実行結果

```
Disk [1]  from 1 to 3
Disk [2]  from 1 to 2
Disk [1]  from 3 to 2
Disk [3]  from 1 to 3
Disk [1]  from 2 to 1
Disk [2]  from 2 to 3
Disk [1]  from 1 to 3
```

4.5　関連プログラム

(1)　フィボナッチ数列

フィボナッチ数列（Fibonacci numbers）は，イタリアの数学者 L. Fibonacci により出版された書籍の中の「ウサギの出生率に関する数学的解法」で使用された数列である。ここでは，以下の問題が考察された。

- 1つのペアのウサギは，産まれて2ヶ月目から毎月1つのペアのウサギを産む。
- 1つのペアのウサギは，1年間の間に何ペアのウサギになるのか？ただし，どのウサギも死なないものとする。

この問題のウサギのペア数の変化を表 4.3 に示す。

表 4.3　ウサギのペア数の変化

月数	産まれたばかりのペア数	生後1か月のペア数	生後2か月以降のペア数（親）	合計ペア数
0	1	0	0	1
1	0	1	0	1
2	1	0	1	2
3	1	1	1	3
4	2	1	2	5
5	3	2	3	8
6	5	3	5	13
・・・	・・・	・・・	・・・	・・・
11	55	34	55	144

表のペア数の合計に得られる数列 $\{1, 1, 2, 3, 5, 8, 13, 21, 34, 55, 89, 144, \cdots\}$ をフィボナッチ数列と呼ぶ。この数列は，ヒマワリの種の配置のように自然界に多く見られる興味深い数列であることが知られている。

$$
\mathrm{fib}(n) = \begin{cases} 1 & : n = 0 \\ 1 & : n = 1 \\ \mathrm{fib}(n-2) + \mathrm{fib}(n-1) & : n \geqq 2 \end{cases}
$$

以下では，3つの方法で，フィボナッチ数列を作成し，その処理時間を測定する。

(2) フィボナッチ数列の作成（for 文）

プログラム 4.4 に for 文を用いたプログラムを示す。

プログラム 4.4 フィボナッチ数列の作成（for 文，fibonacci_for.py）

```
1  # fibonacci_for.py    (4-4)
2
3  import time
4
5  def fib(n):
6      fibsum = [ 0 for i in range(0,n+1) ]
7      for i in range(0,n):
8          if i == 0: fibsum[i] = 1
9          elif i == 1: fibsum[i] = 1
10         else: fibsum[i] = fibsum[i-2] + fibsum[i-1]
11     return fibsum
12
13 def main():
14     n = 12
15     print("n = ",n)
16     fibserises = fib (n)
17     for i in range(0,n): print("  ",fibserises[i], end = "")
18     print()
19
20     start = time.time()
21     for i in range(0,10000) : fibserises = fib(n)
22     end =  time.time()
23     s = "For loop (10 thousands times): {:8.0f}"
24     print(s.format((end - start)*1000)," (msec)")
25
26 if __name__ == "__main__":
27     main()
```

実行結果

```
n = 12
1   1   2   3   5   8   13   21   34   55   89   144
For loop (10 thousands times): 75 (msec)
```

(3) フィボナッチ数列の作成（再帰）

プログラム 4.5 に再帰を用いたプログラムを示す。

プログラム 4.5 フィボナッチ数列の作成（再帰，fibonacci_rec.py）

```
1  # fibonacci_rec.py    (4-5)
2  import time
3
4  def fib_rec(n):
5      if n == 0: return 1
6      elif n == 1: return 1
7      else: return fib_rec(n-2) + fib_rec(n-1)
8
9  def main():
10     n = 12
11     print("n = ",n)
12     fibseries = [ 0 for i in range(0,n+1) ]
13
14     for i in range(0,n):
15         fibseries[i] = fib_rec(i)
16         print("  ",fibseries[i], end ="")
17     print()
18
19     start = time.time()
20     for step in range(0,10000) :
21         for i in range(0,n): fibseries[i] = fib_rec(i)
22     end =  time.time()
23     s = "Recursion (10 thousands times): {:8.0f}"
24     print(s.format((end - start)*1000)," (msec)")
25
26 if __name__ == "__main__":
27     main()
```

実行結果

```
n = 12
   1   1   2   3   5   8   13   21   34   55   89   144
Recursion (10 thousands times): 2510 (msec)
```

(4) フィボナッチ数列の作成（メモ化）

プログラム 4.6 にメモ化（memorization）を用いたプログラムを示す。プログラムに示すように，フィールド変数の fibMemo[ ] にメモされた値を利用することにより高速化を図っている。fibMemo[ ] の値が 0 でなければ，すでにその答えが得られていることを意味する。これは，同一の答えとなる再帰計算を排除するための工夫である。

プログラム 4.6　フィボナッチ数列の作成（メモ化，fibonacci_memo.py）

```
1  # fibonacci_memo.py    (4-6)
2  import time
3
4  n = 12
5  fibmemo = [ 0 for i in range(0,n+1) ]
6  def fib_by_rec_memo(n):
7      if n == 0 :
8          fibmemo[n] = 1
9          return 1
10     elif n == 1 :
11         fibmemo[n] = 1
12         return 1
13     if fibmemo[n] == 0 :
14         fibmemo[n] = fib_by_rec_memo(n-2) + fib_by_rec_memo(n-1)
15         return fibmemo[n]
16     else : return fibmemo[n]
17
18 def main():
19     print("n = ",n)
20     fibseries = [ 0 for i in range(0,n+1) ]
21     for i in range(0,n):
22         fibseries[i] = fib_by_rec_memo(i)
23         print("  ",fib_by_rec_memo(i), end ="")
24     print()
25
26     start = time.time()
27     for step in range(0,10000) :
28         for i in range(0,n): fibseries[i] = fib_by_rec_memo(i)
29     end =  time.time()
30     s = "Memolization (10 thousands times): {:8.0f}"
31     print(s.format((end - start)*1000)," (msec)")
32
33 if __name__ == "__main__":
34     main()
```

実行結果

```
n = 12
  1    1    2    3    5    8    13    21    34    55    89    144
Memolization (10 thousands times): 71 (msec)
```

表 4.4 に 3 つの方式の処理時間の比較を示す。表に示すように，再帰を用いた方法は for 文の 33.5 倍の処理時間となっている。しかし，メモ化を用いることによって，0.95 倍の処理時間まで高速化が図れた結果となっている。

この例のように，実用的な問題において，再帰をそのまま用いると処理時間が大きくなる場合があるので注意が必要である。

表 4.4　フィボナッチ数列作成の処理時間（100 万回実行）

方　式	処理時間〔msec〕	処理時間〔%〕
for 文	75	100
再　帰	2510	3347
メモ化	71	95

演習問題

4-1 整数 x, y（$x > y \geqq 0$）に対して，つぎのように定義された関数 $F(x, y)$ がある。$F(231, 15)$ の値はいくらか。ここで，$x \bmod y$ は x を y で割った余りである。

$$F(x,\ y) = \begin{cases} x & (y = 0\text{のとき}) \\ F(y,\ x \bmod y) & (y > 0\text{のとき}) \end{cases}$$

ア　2　　イ　3　　ウ　5　　エ　7

4-2 つぎの関数 $f(n, k)$ がある。$f(4, 2)$ の値はいくらか。

$$f(n,\ k) = \begin{cases} 1 & (k = 0\text{のとき}) \\ f(n-1,\ k-1) + f(n-1,\ k) & (0 < k < n\text{のとき}) \\ 1 & (k = n\text{のとき}) \end{cases}$$

ア　3　　イ　4　　ウ　5　　エ　6

4-3 非負の整数 n に対してつぎのとおりに定義された関数 $F(n), G(n)$ がある。$F(5)$ の値はいくらか。

$F(n)$: if $n \leqq 1$ then return 1 else return $n \times G(n-1)$

$G(n)$: if $n = 0$ then return 0 else return $n + F(n-1)$

ア　50　　イ　65　　ウ　100　　エ　120

4-4 再帰的プログラムの特徴として，最も適切なものはどれか。

ア　一度実行した後，ロードし直さずに再び実行を繰り返しても，正しい結果が得られる。

イ　実行中に自分自身を呼び出すことができる。

ウ　主記憶上のどこのアドレスに配置しても，実行することができる。

エ　同時に複数のタスクが共有して実行しても，正しい結果が得られる。

4-5 問題をいくつかのたがいに重ならない部分問題に分け，それぞれの解を得ることによって全体の解を求めようとする問題解決の方法はどれか。

ア オブジェクト指向　　イ 再帰呼出し

ウ 2分探索法　　エ 分割統治法

4-6 n の階乗を再帰的に計算する $F(n)$ の定義において，[a] に入れるべき式はどれか。ここで，n は非負の整数である。

$n > 0$ のとき，$F(n) =$ [a]

$n = 0$ のとき，$F(n) = 1$

ア $n + F(n-1)$　　イ $n - 1 + F(n)$

ウ $n \times F(n-1)$　　エ $(n-1) \times F(n)$

第5章　連結リスト

複数のデータを扱うデータ構造として，配列と同様に**連結リスト**（linked list）がある。配列の要素は，連続したメモリ上に配置されるが，連結リストの要素は，メモリ上に整然と並んでいるとは限らない。配列は，インデックスで管理されるため，指定インデックスに対して要素を挿入したり，削除したりすると，後続の要素を移動させる必要がある。これが，配列の欠点であるが，その欠点に対処するためのデータ構造が，連結リストである。

本章では，連結リスト，単方向リスト，双方向リスト，循環リスト，双方向循環リストについて説明する。連結リストは組込みのリスト型を用いることが実用上は望ましい。しかし，アルゴリズムの理解のために，まずPythonにより実装し，そのあとでリスト型を用いた方法について説明する。

5.1　連結リストとは

・配列の問題点

複数のデータを扱う場合に用いられる配列は，最初にサイズを指定する必要があった。したがって，取り扱うデータのサイズが不明，または予測できない場合は以下の問題がある。

・サイズが小さければ，データが入りきらない。

・サイズが大きすぎれば，メモリが無駄になる。

また，配列の途中にデータを挿入しようとすると，挿入するインデックス以降の要素をすべて後方へずらす必要がある。この作業時間は，配列の大きさに比例するため，大きなサイズの配列では問題となる。この後方へのコピーのような問題を解決するのに，連結リストは適したデータ構造である。連結リストは，**線形リスト**（linear list）とも呼ばれる。連結リストには，単方向リスト，双方向リスト，循環リスト，双方向循環リストなどの種類がある。

5.2 単方向リスト

(1) 単方向リストとは

単方向リスト（one-way linked list）は，図 5.1(a) に示すように各要素が「データ」と「つぎのデータへの参照」が格納されている。先頭と末尾に位置する要素は，それぞれ**先頭ノード**（head node）と**末尾ノード**（tail node）と呼ばれる。各ノードにおいて，1つ前のノードを**先行ノード**（predecessor node），1つ後のノードを**後続ノード**（successor node）と呼ぶ。末尾の要素では，つぎへの参照に None が入っている。

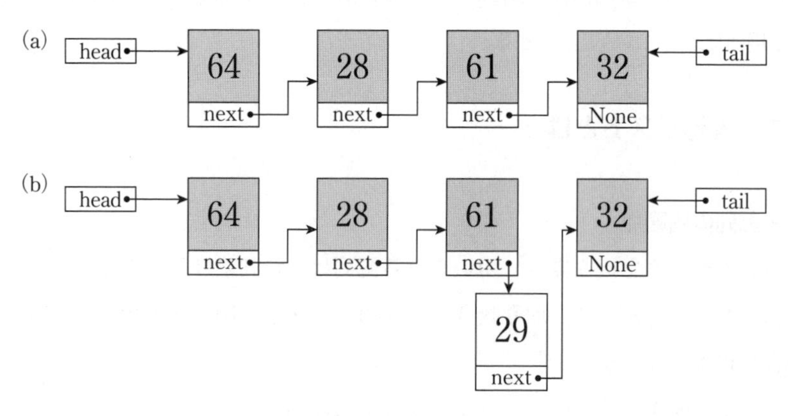

図 5.1　連結リスト

図 (b) は，新しいデータ（29）を挿入する様子を示している。データの挿入は，図に示すように参照先を変更するのみで実現できるので，配列のようなデータの移動は不要である。

それでは，連結リストを用いて図 5.1 を実現するプログラムを作成する。まず最初に，整数型の連結リストを構成する Node クラスを作成する（あとで，任意のデータ型や参照型が扱えるように拡張する）。図 5.2 がノードの構成図とクラス記述である。図に示すように，フィールド変数は data と自己と同じ

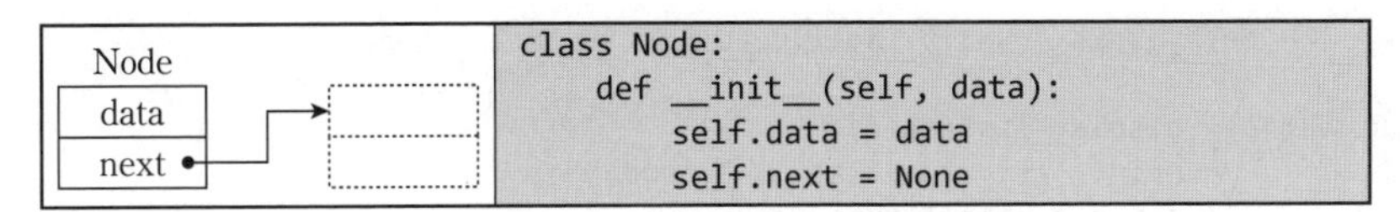


```
class Node:
    def __init__(self, data):
        self.data = data
        self.next = None
```

図 5.2　ノードの構成図とクラス記述

Node クラスのインスタンスへの参照を保有している。このようなクラス構造は，**自己参照**（self-referential）**型**と呼ばれる。また，Node クラスには，data の内容を表示する display node( ) メソッドを実装している。

(2) 実　装

つぎに，Node クラスを要素とする連結リストクラスとして，One_wayLinkedList クラスを作成する。連結リストの実装において，重要な役割を果たすのが Node クラスへの参照である。One_wayLinkedList クラスには，フィールド変数として，先頭ノードと末尾ノードへの参照を保有している。そして，コンストラクタでは，head と tail を None としている。これは，まだ連結リストが空であることを示す。ノードの追加メソッドとして，add ( ) メソッドと add_pos ( ) メソッドの 2 種類を準備した。add ( ) メソッドは，指定したデータを先頭ノードに追加する。add_pos ( ) メソッドは，指定された位置にデータを追加する。また，連結リストの内容の表示のために，display_list( ) メソッドを準備した。なお，display_list ( ) メソッドでは，head から next で参照しているノードをたどり，next が None になるまで（末尾ノードに達するまで），その Node クラスの display_node( ) メソッドを用いて data を表示させている。**プログラム 5.1** にそのプログラムと実行結果を示す。

プログラム 5.1　単方向リスト（one_way_linked_list.py）

```
1  # one_way_linked_list.py    (5-1)
2
3  class Node:
4      def __init__(self, data): self.data = data; self.next = None
5      def display_node(self): print("{ ",self.data," }", end="")
6
7  class One_wayLinkedList:
```

```
8       def __init__(self): self.head = self.tail = None
9   
10      def display_list(self):
11          print("(first -> last): ", end="");
12          current = self.head
13          while current is not None :
14              current.display_node(); print(" -> ", end="")
15              current = current.next
16          print()
17  
18      def add(self,data):
19          new_node = Node(data)
20          if self.head is None: self.head = self.tail = new_node
21          else: self.tail.next = self.tail = new_node
22  
23      def add_pos(self,pos,data):
24          new_node = Node(data)
25          current = self.head
26          if pos != 0:
27              for i in range(0,pos-1): current = current.next
28              next_node = current.next
29              current.next = new_node
30              new_node.next = next_node
31          else:
32              next_node = self.head
33              self.head = new_node
34              current = self.head
35              current.next = next_node
36  
37  def main():
38      list = One_wayLinkedList()
39      list.add(64); list.add(28); list.add(61); list.add(32)
40  
41      list.display_list()
42      list.add_pos(2,29)
43      list.display_list()
44  
45  if __name__ == "__main__":
46      main()
```

実行結果

```
(first -> last): { 64 } -> { 28 } -> { 61 } -> { 32 } ->
(first -> last): { 64 } -> { 28 } -> { 29 } -> { 61 } -> { 32 } ->
```

5.3 双方向リスト

単方向リストの欠点は，先行ノードを見つけるのが困難であるということである。この欠点を克服するのが，**双方向リスト**（doubly linked list）である。双方向リストを図 5.3 に示す。これまで使用してきた Node クラスに，フィールドとして前のデータへの参照を示す prev を追加したものを図 5.4 に示す。このように Node クラスを拡張することにより，着目ノードの前後へのアクセスが可能になる。

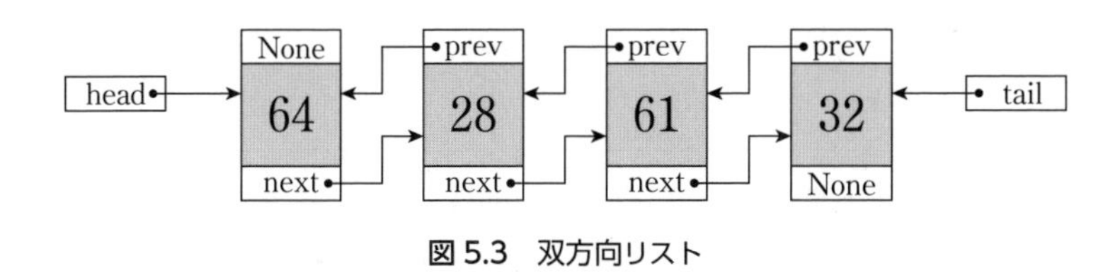

図 5.3　双方向リスト

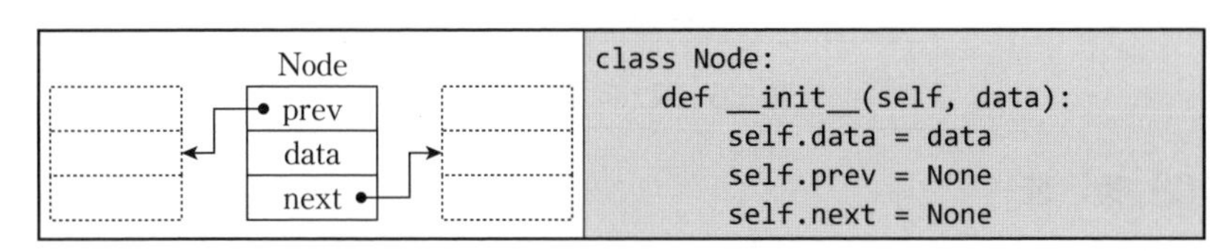

図 5.4　ノードクラスの拡張

5.4　循環リスト

循環リスト（circular linked list）を図 5.5 に示す。これは，単方向リストの末尾ノードの next に先頭ノードへの参照を入れたものである。

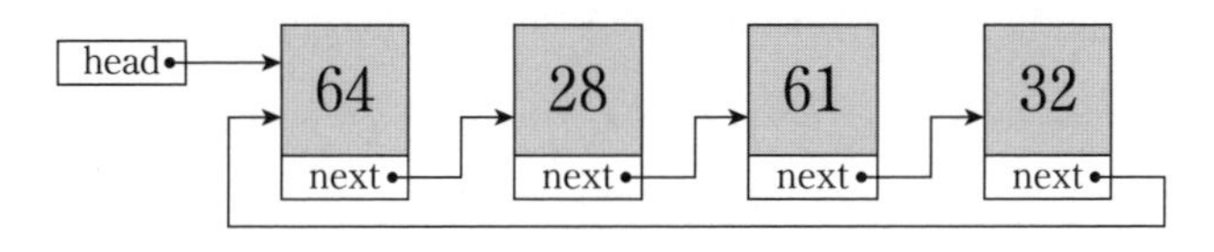

図 5.5　循環リスト

5.5 双方向循環リスト

(1) 双方向循環リストとは

双方向循環リスト（doubly-linked circular-linked list）を図5.6に示す。これは，双方向リストの先頭ノードのprevに末尾ノードへの参照を，末尾ノードのnextに先頭ノードへの参照を入れたものである。

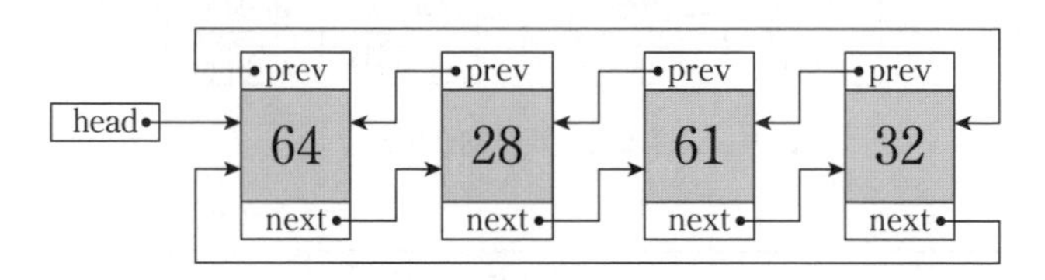

図5.6　双方向循環リスト

(2) 実　装

プログラム5.2に双方向循環リストのテストプログラムを示す。

プログラム5.2　双方向循環リスト（double_list.py）

```
1  # double_list.py     (5-2)
2  
3  class Node:
4      def __init__(self, data): self.data = data; self.prev = None; self.next = None
5      def __repr__(self): return repr((self.data))
6      def displayNode(self): print("{ "+str(self.data)+ " } <-> ", end="")
7  
8  class DoubleList:
9      def __init__(self): self.head = None; self.crnt = None
10 
11     def isEmpty(self): return self.head.next == self.head
12 
13     def printCurrentNode(self):
14         if self.isEmpty(): print("Current node is not found.")
15         else: print(self.crnt)
16 
17     def add(self,data):
18         new_node = Node(data)
19         if self.head is None:
20             self.head = self.crnt = new_node
```

```
21              self.crnt.next = self.crnt.prev = new_node
22          else:
23              self.crnt.next = new_node; self.crnt.next.prev = self.crnt
24              self.crnt = new_node; self.crnt.next = self.head
25              self.head.prev = new_node
26
27      def addFirst(self,data):
28          new_node = Node(data); new_node.next = self.head
29          p = self.head.prev; p.next = new_node
30          new_node.prev = p; self.head = new_node
31
32      def addLast(self,data): self.crnt = self.head.prev; self.add(data)
33
34      def removeCurrentNode(self):
35          if not self.isEmpty() :
36              n = self.crnt.next; p = self.crnt.prev
37              p.next = self.crnt.next; n.prev = self.crnt.prev
38              if self.crnt == self.head: self.head = n
39              self.crnt = self.head.prev
40
41      def removeFirst(self): self.crnt = self.head; self.removeCurrentNode()
42
43      def removeLast(self): self.crnt = self.head.prev; self.removeCurrentNode()
44
45      def displayList(self):
46          print("(first->last): ",end="")
47          ptr = self.head; ptr.displayNode(); ptr = self.head.next
48          while ptr != self.head:
49              ptr.displayNode(); ptr = ptr.next
50          print()
51
52  def main():
53      list = DoubleList()
54      list.add( 64 ); list.add( 28 ); list.add( 61 ); list.add( 32 )
55      list.displayList()
56      print("current node= ",end=""); list.printCurrentNode()
57      print("removeCurrentNode")
58      list.removeCurrentNode()
59      list.displayList()
60      print("current node= ",end=""); list.printCurrentNode()
61      print("addFirst(0)")
62      list.addFirst(0)
63      list.displayList()
64
65  if __name__ == "__main__":
66      main()
```

実行結果

```
(first -> last): { 64 } <-> { 28 } <-> { 61 } <-> { 32 } <->
crrent node= 32
removeCurrentNode
(first -> last): { 64 } <-> { 28 } <-> { 61 } <->
crrent node= 61
addFirst(0)
(first -> last): { 0 } <-> { 64 } <-> { 28 } <-> { 61 } <->
```

5.6 組込み型のリストの使用例

以下では，組込み型のリストを用いた自作クラスの連結リストについて説明する。組込み型のリストには，表 5.1 に示すような有用なメソッドが準備されている。

表 5.1　組込み型のリストのメソッド（一部）

メソッド	説　明
append(x)	リストの末尾に x を追加する。a[len(a):]=[x] と等価である。
insert(i,x)	x をリストの位置 i の直前に挿入する。a.insert(0,x) は append(x) と等価である。
remove(x)	リスト中で x と等しい値をもつ最初の要素を削除する。要素が見つからない場合は ValueError を送出する。
pop(i)	リストの位置 i にある要素をリストから削除して，その要素を返す。
pop()	リストの末尾の要素を削除して返す。
clear()	リストのすべての要素を削除する。
reverse()	リストの要素をインプレースに反転する。ここで，インプレースとは，元のデータを演算結果で置き換えるやりかたのことである。
copy()	リストの浅い (shallow) コピーを返す。

プログラム 5.3 には第 1 章で作成した Student クラス（プログラム 1.2）を用いた連結リストの使用例を示す。このプログラムでは，append( ) メソッド，insert( ) メソッド，pop( ) メソッドを用いている。

プログラム 5.3 自作クラスの連結リスト（list_student.py）

```
1  # list_student.py     (5-3)
2  
3  from Student import Student
4  
5  def main():
6      list = []
7      print("list.append(x) : ")
8      list.append(Student(1,"C",28)); list.append(Student(2,"N",61))
9      list.append(Student(4,"Y",32)); list.append(Student(6,"M",99))
10     print(list)
11 
12     print("list.insert(0,x) : ")
13     list.insert(0, Student(0,"T",28))
14     print(list)
15 
16     print("list.insert(len(list),x) : ")
17     list.insert(len(list), Student(5,"K",29))
18     print(list)
19 
20     print("list.pop(4) = ",end="")
21     print(list.pop(4))
22     print(list)
23 
24 if __name__ == "__main__":
25     main()
```

実行結果

```
list.append(x) :
[(1, 'C', 28), (2, 'N', 61), (4, 'Y', 32), (6, 'M', 99)]
list.insert(0,x) :
[(0, 'T', 28), (1, 'C', 28), (2, 'N', 61), (4, 'Y', 32),
(6, 'M', 99)]
list.insert(len(list),x) :
[(0, 'T', 28), (1, 'C', 28), (2, 'N', 61), (4, 'Y', 32),
(6, 'M', 99), (5, 'K', 29)]
list.pop(4) = (6, 'M', 99)
[(0, 'T', 28), (1, 'C', 28), (2, 'N', 61), (4, 'Y', 32),
(5, 'K', 29)]
```

5.7 関連プログラム

・ニューラルネットワーク

ニューラルネットワーク（NN: neural network）は，連結リストを用いて構成することができる。NN は，**ニューロン**（neuron）と呼ばれる多数の処理ユニットと，ニューロン間を結合するリンクから構成されている。そして，おのおののリンクには**結合荷重**（重み）が割り当てられている。なお，NN の詳細は紙面の都合で割愛するので，ほかの成書を参照してほしい。

ここでは，**誤差逆伝播法**（BP: backpropagation）を実装する NN を作成する。図 5.7 は ArrayList を用いたニューロンの構造を示す。

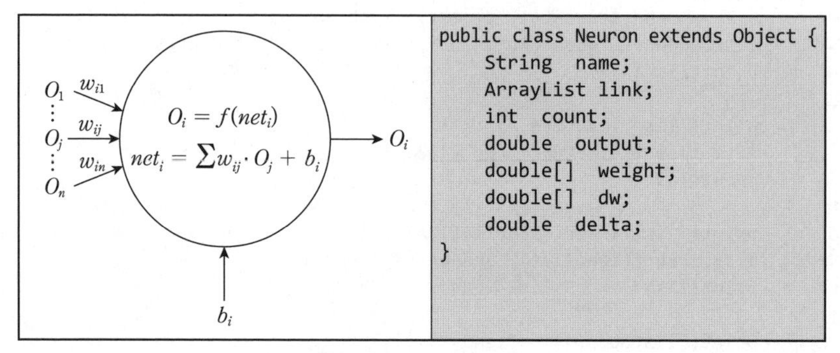

図 5.7　ニューロン

ここで，ニューロン i の活性化関数には，式 (5.1) の**シグモイド関数**（sigmoid function）が用いられることが多い。

$$f(net_i) = \frac{1}{1 + e^{-net_i}} \tag{5.1}$$

また，入力荷重和 net_i は，図 5.7 に示した結合荷重 w_{ij} と前段の出力 O_j およびバイアス b_j を用いて式 (5.2) で計算される。

$$net_i = \sum_{j=1}^{n} w_{ij} \cdot O_j + b_i \tag{5.2}$$

以下で学習させる課題は，**排他的論理和**（XOR：exclusive OR）問題とする。この理由は，XOR の入出力関係が線形非分離であるからである。この理由のために，NN は歴史の中で冬の時代を迎えることになったが，1986 年の D. E. Rumelhart による誤差逆伝播法により再び脚光をあびるようになった。XOR 問題は，3 層以上の階層型 NN であれば実現できることが知られている。

図 5.8 に排他的論理和（XOR）用の NN を示す。ここで，バイアスニューロン（Bias）は，各ニューロンの閾値を学習させるために使用している。その

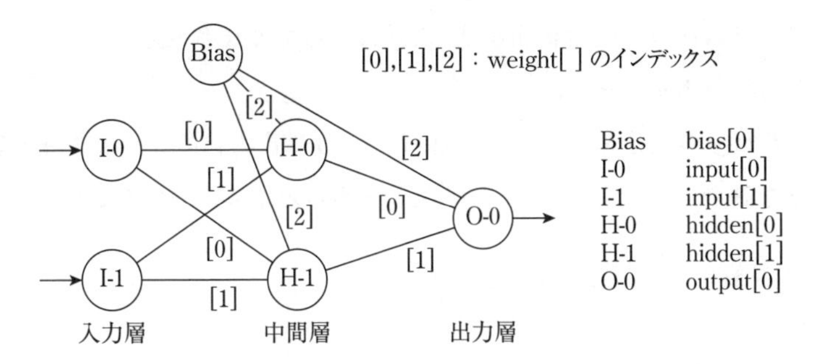

図 5.8　排他的論理和（XOR）用のニューラルネットワーク

表 5.2　XOR の入出力

入力 1	入力 2	出　力
0	0	0
0	1	1
1	0	1
1	1	0

出力は，つねに 1.0 に固定される。図に示すように，XOR は 2 入力，1 出力の論理演算である。**表 5.2** に XOR の入出力関係を示す。

プログラム 5.4 にニューロンクラスを，**プログラム 5.5** に XOR のテストプログラムを示す。ここで，学習させる入力パターンと，教師信号用のパターンは下記のように定義されている。教師信号用のパターンを変更すると AND や OR の NN も実現できる。

```
self.pattern = [ [0.0, 0.0], [0.0, 1.0], [1.0, 0.0], [1.0, 1.0] ]
self.teacher = [ 0, 1, 1, 0 ]     # XOR
#self.teacher = [ 0, 0, 0, 1 ]     # AND
#self.teacher = [ 0, 1, 1, 1 ]     # OR
```

ここで，誤差逆伝播法で利用している式を以下に示す。まず，出力層のニューロンの出力誤差 δ を式 (5.3) を用いて算出する。

$$\delta = (t - o)f'(net) = (t - o)o(1 - o) \tag{5.3}$$

つぎに，中間層のニューロン i の出力誤差 δ を式 (5.4) を用いて算出する。

$$\delta_i = f'(net_i)\sum_k \delta_k \cdot w_{ki} = o_i(1 - o_i)\sum_k \delta_k \cdot w_{ki} \tag{5.4}$$

そして，それぞれの結合荷重を式 (5.5) によって変化させる。

$$\Delta w_{ki} = \eta \delta_k o_i + \alpha \Delta w_{ki} \tag{5.5}$$

ここで，f' は f の微分を表す。t は教師信号，o は出力信号，η は学習係数（学習の速度を制御），α はモーメント係数（学習の変化量の慣性を制御）である。

プログラム 5.4　ニューロン（Neuron.py）

```
1   # Neuron.py     (5-4)
2   import numpy as np
3
4   class Neuron:
5
6       def __init__(self, count, name):
7           self.name = name
8           self.count = count
9
10          self.output= 0.0
11          self.link = []
12          self.weight = np.zeros(count+1,dtype=float)
13          self.dw = np.zeros(count+1,dtype=float)
14          self.delta = 0.0
15          for i in range(count): self.weight[i] = 0.0; self.dw[i] = 0.0;
16
17      def addLink(self, neuron): (self.link).append(neuron)
```

プログラム 5.5 の実行結果を参照すると，464 回で教師信号と NN の出力の誤差が 0.001 となり学習が完了している。この時点で，各ニューロン間の結合荷重の中に XOR の論理演算の機能が埋め込まれていると考えることができる。

プログラム 5.5　ニューラルネットワークによる XOR（XorApp.py）

```
1   # XorApp.py    (5-5)
2
3   import math
4   import numpy as np
5   from Neuron import Neuron
6
7   class XorApp:
8
9       def __init__(self):
10          self.input  = []
11          self.hidden = []
12          self.output = []
13          self.bias   = []
```

```
14
15          self.pattern = [ [0.0, 0.0], [0.0, 1.0], [1.0, 0.0], [1.0, 1.0] ]
16          self.teacher = [ 0, 1, 1, 0 ]     # XOR
17          #self.teacher = [ 0, 0, 0, 1 ]     # AND
18          #self.teacher = [ 0, 1, 1, 1 ]     # OR
19
20          self.Eta = 2.5
21          self.Alpha = 0.8
22          self.LimitError = 0.001
23          self.MaxLoop = 1200
24          self.err = 0.0
25          self.loop = 0
26
27      def dump(self):
28          print("loop={:4d}".format(self.loop),\
29          " err={:6.4f}".format(self.err),end="" )
30          print(" w:|{:7.3f}".format(self.output[0].weight[0]),\
31          "{:7.3f}".format(self.output[0].weight[1]),\
32          "{:7.3f}".format(self.output[0].weight[2]),\
33
34          "|{:7.3f}".format(self.hidden[0].weight[0]),\
35          "{:7.3f}".format(self.hidden[0].weight[1]),\
36          " {:7.3f}".format(self.hidden[0].weight[2]),\
37
38          "|{:7.3f}".format(self.hidden[1].weight[0]),\
39          "{:7.3f}".format(self.hidden[1].weight[1]),\
40          " {:7.3f}".format(self.hidden[1].weight[2]),"|")
41
42
43      def makeNetwork(self):
44          self.input.append(Neuron(0,"(I-0)"))      # input[0]
45          self.input.append(Neuron(0,"(I-1)"))      # input[1]
46          self.hidden.append(Neuron(2,"(H-0)"))     # hidden[0]
47          self.hidden.append(Neuron(2,"(H-1)"))     # hidden[1]
48          self.output.append(Neuron(2,"(O-0)"))     # output[0]
49          self.bias.append(Neuron(0,"(bias)"))      # baias[0]
50
51          self.hidden[0].addLink(self.input[0]);
52          self.hidden[0].addLink(self.input[1]);
53          self.hidden[0].addLink(self.bias[0]);
54
55          self.hidden[1].addLink(self.input[0]);
56          self.hidden[1].addLink(self.input[1]);
57          self.hidden[1].addLink(self.bias[0]);
58
59          self.output[0].addLink(self.hidden[0]);
60          self.output[0].addLink(self.hidden[1]);
61          self.output[0].addLink(self.bias[0]);
62
```

```
63      def inputData(self, pattern):
64          for j in range(len(pattern)): self.input[j].output = pattern[j];
65
66      def propagate(self, neurons):
67          for i in range(len(neurons)):
68              neuron = neurons[i]
69              pre_neurons = neurons[i].link
70              net = 0.0
71              for j in range(neuron.count+1):     # (+1: baias)
72                  pre = pre_neurons[j]
73                  net += neuron.weight[j] * pre.output;
74              neuron.output = 1.0/(1.0 + math.exp( -net ))
75
76      def inputWeight(self, neurons, min, max):
77          np.random.seed(2)
78          for i in range(len(neurons)):
79              neuron = neurons[i]
80              pre_neurons = neurons[i].link
81              for j in range(neuron.count+1):     # (+1: baias)
82                  r = np.random.rand()
83                  neuron.weight[j] = r * ( max - min ) + min
84
85      def restDelta(self, neurons):
86          for i in range(len(neurons)):
87              neuron = neurons[i]
88              for j in range(neuron.count+1):     # (+1: baias)
89                  pre_neuron = neuron.link
90                  pre = pre_neuron[j]
91                  pre.delta = 0.0
92
93      def outputLearning(self, neurons, teacher):
94          for i in range(len(neurons)):
95              neuron = neurons[i]
96              out = neuron.output
97              neuron.delta = (teacher - out )* out *(1.0 - out)
98          for i in range(len(neurons)):
99              neuron = neurons[i]
100             pre_neurons = neurons[i].link
101             for j in range(neuron.count+1):     # (+1: baias)
102                 pre = pre_neurons[j]
103                 pre.delta = 0.0
104         for i in range(len(neurons)):
105             neuron = neurons[i]
106             pre_neurons = neurons[i].link
107             for j in range(neuron.count+1):     # (+1: baias)
108                 pre = pre_neurons[j]
109                 neuron.dw[j] = self.Eta * neuron.delta * pre.output + \
110                 self.Alpha * neuron.dw[j]
111                 neuron.weight[j] += neuron.dw[j]
```

```
112                 pre.delta += neuron.delta * neuron.weight[j]
113
114     def hiddenLearning(self, neurons):
115         for i in range(len(neurons)):
116             neuron = neurons[i]
117             neuron.delta *= neuron.output * (1.0 - neuron.output)
118         for i in range(len(neurons)):
119             neuron = neurons[i]
120             pre_neurons = neurons[i].link
121             for j in range(neuron.count+1):     # (+1: baias)
122                 pre = pre_neurons[j]
123                 pre.delta = 0.0
124         for i in range(len(neurons)):
125             neuron = neurons[i]
126             pre_neurons = neurons[i].link
127             for j in range(neuron.count+1):     # (+1: baias)
128                 pre = pre_neurons[j]
129                 neuron.dw[j] = self.Eta * neuron.delta * pre.output + \
130                 self.Alpha  * neuron.dw[j]
131                 neuron.weight[j] += neuron.dw[j]
132                 pre.delta += neuron.delta * neuron.weight[j]
133
134 def main():
135
136     xor = XorApp()
137
138     xor.makeNetwork()
139     xor.inputWeight(xor.hidden,-0.2, 0.2)
140     xor.inputWeight(xor.output,-2, 2)
141     xor.bias[0].output = 1.0
142     xor.loop = 0
143
144     while True:
145         for i in range(4):
146             xor.inputData(xor.pattern[i])
147             xor.propagate(xor.hidden)
148             xor.propagate(xor.output)
149             xor.restDelta(xor.hidden)
150             xor.restDelta(xor.output)
151             xor.outputLearning(xor.output, xor.teacher[i])
152             xor.hiddenLearning(xor.hidden)
153
154         xor.err = 0.0
155         for i in range(4):
156             xor.inputData(xor.pattern[i])
157             xor.propagate(xor.hidden)
158             xor.propagate(xor.output)
159             dif = xor.output[0].output - xor.teacher[i]
160             xor.err += dif * dif
```

```
161
162         if xor.loop % 200 == 0: xor.dump()
163
164         if (xor.err < xor.LimitError) or (xor.loop >= xor.MaxLoop) : break;
165         xor.loop += 1
166
167     xor.dump()
168     print()
169     for i in range(4):
170         xor.inputData(xor.pattern[i])
171         xor.propagate(xor.hidden)
172         xor.propagate(xor.output)
173
174         print("##### {:6.3f}".format(xor.input[0].output),\
175         " {:6.3f}".format(xor.input[1].output),\
176         " --> {:6.3f}".format(xor.output[0].output))
177
178 if __name__ == "__main__":
179     main()
```

実行結果

```
loop = 0      err = 1.0430
w:|  0.081  -1.491   0.905 | -0.028  -0.247    0.006 |
-0.178  -0.319   -0.391 |
loop = 200    err = 0.0027
w:|  8.944  -9.148  -4.201 | -4.583  -4.616    6.826 |
-6.251  -6.454    2.537 |
loop = 400    err = 0.0012
w:|  9.737  -9.906  -4.616 | -4.875  -4.905    7.277 |
-6.462  -6.627    2.676 |
loop = 464    err = 0.0010
w:|  9.896 -10.061  -4.698 | -4.932  -4.961    7.365 |
-6.504  -6.662    2.702 |

#####  0.000   0.000  -->  0.014
#####  0.000   1.000  -->  0.985
#####  1.000   0.000  -->  0.985
#####  1.000   1.000  -->  0.019
```

演習問題

5-1 表は，配列を用いた連結セルによるリストの内部表現であり，リスト[東京，品川，名古屋，新大阪]を表している。このリストを[東京，新横浜，名古屋，新大阪]に変化させる操作はどれか。ここで，$A(i, j)$ は表の第 i 行第 j 列の要素を表す。例えば，$A(3, 1)$ = “名古屋”であり，$A(3, 2) = 4$ である。また，→は代入を表す。

列

A	1	2
1	“東京”	2
2	“品川”	3
行 3	“名古屋”	4
4	“新大阪”	0
5	“新横浜”	

	第1の操作	第2の操作
ア	5 → A(1, 2)	A(A(1, 2), 2) → A(5, 2)
イ	5 → A(1, 2)	A(A(2, 2), 2) → A(5, 2)
ウ	A(A(1, 2), 2) → A(5, 2)	5 → A(1, 2)
エ	A(A(2, 2), 2) → A(5, 2)	5 → A(1, 2)

5-2 図は単方向リストを表している。“東京”がリストの先頭であり，そのポインタにはつぎのデータのアドレスが入っている。また，“名古屋”はリストの最後であり，そのポインタには0が入っている。アドレス150に置かれた“静岡”を，“熱海”と“浜松”の間に挿入する処理として正しいものはどれか。

先頭データへのポインタ

10

アドレス	データ	ポインタ
10	東京	50
30	名古屋	0
50	新横浜	90
70	浜松	30
90	熱海	70
150	静岡	

ア　静岡のポインタを50とし，浜松のポインタを150とする。
イ　静岡のポインタを70とし，熱海のポインタを150とする。
ウ　静岡のポインタを90とし，浜松のポインタを150とする。
エ　静岡のポインタを150とし，熱海のポインタを90とする。

5-3 配列と比較した場合のリストの特徴に関する記述として，適切なものはどれか。

ア 要素を更新する場合，ポインタを順番にたどるだけなので，処理時間は短い。

イ 要素を削除する場合，削除した要素から後ろにあるすべての要素を前に移動するので，処理時間は長い。

ウ 要素を参照する場合，ランダムにアクセスできるので，処理時間は短い。

エ 要素を挿入する場合，数個のポインタを書き換えるだけなので，処理時間は短い。

5-4 リストを2つの一次元配列で実現する。配列要素 box[i] と next[i] の対がリストの1つの要素に対応し，box[i] に要素の値が入り，next[i] につぎの要素の番号が入る。配列が図の状態の場合，リストの3番目と4番目との間に値がHである要素を挿入したときの next[8] の値はどれか。ここで，next[0] がリストの先頭(1番目)の要素を指し，next[i] の値が0である要素はリストの最後を示し，next[i] の値が空白である要素はリストに連結されていない。

	0	1	2	3	4	5	6	7	8	9
box	0	A	B	C	D	E	F	G	H	I

	0	1	2	3	4	5	6	7	8	9
next	1	5	0	7		3		2		

ア 3　　イ 5

ウ 7　　エ 8

5-5 データ構造の1つであるリストは，配列を用いて実現する場合と，ポインタを用いて実現する場合とがある。配列を用いて実現する場合の特徴はどれか。ここで，配列を用いたリストは，配列に要素を連続して格納することによって構成し，ポインタを用いたリストは，要素からつぎの要素へポインタで連結することによって構成するものとする。

ア 位置を指定して，任意のデータに直接アクセスすることができる。

イ 並んでいるデータの先頭に任意のデータを効率的に挿入することができる。

ウ 任意のデータの参照は効率的ではないが，削除や挿入の操作を効率的に行える。

エ 任意のデータを別の位置に移動する場合，隣接するデータを移動せずにできる。

5-6 リストは，配列で実現する場合とポインタで実現する場合とがある。リストを配列で実現した場合の特徴として，適切なものはどれか。

ア　リストにある実際の要素数にかかわらず，リストの最大長に対応した領域を確保し，実際には使用されない領域が発生する可能性がある。

イ　リストにある実際の要素数にかかわらず，リストへの挿入と削除は一定時間で行うことができる。

ウ　リストの中間要素を参照するには，リストの先頭から順番に要素をたどっていくので，要素数に比例した時間が必要となる。

エ　リストの要素を格納する領域のほかに，つぎの要素を指し示すための領域が別途必要となる。

5-7 双方向のポインタをもつリスト構造のデータを表に示す。この表において，新たな社員 G を社員 A と社員 K の間に追加する。追加後の表のポインタ a ～ f の中で追加前と比べて値が変わるポインタだけをすべて列記したものはどれか。

表

アドレス	社員名	次ポインタ	前ポインタ
100	社員 A	300	0
200	社員 T	0	300
300	社員 K	200	100

追加後の表

アドレス	社員名	次ポインタ	前ポインタ
100	社員 A	a	b
200	社員 T	c	d
300	社員 K	e	f
400	社員 G	x	y

ア　a, b, e, f

イ　a, e, f

ウ　a, f

エ　b, e

5-8 多数のデータが単方向リスト構造で格納されている。このリスト構造には，先頭ポインタとは別に，末尾のデータを指し示す末尾ポインタがある。つぎの操作のうち，ポインタを参照する回数が最も多いものはどれか。

ア　リストの先頭にデータを挿入する。

イ　リストの先頭のデータを削除する。

ウ　リストの末尾にデータを挿入する。

エ　リストの末尾のデータを削除する。

第6章　スタックとキュー

データを一時的に保存するためのデータ構造として，スタックとキューがある。スタックは，リストの先頭でのみ挿入と削除が行われるデータ構造である。一方，キューは，リストの先頭で挿入が行われ，末尾で削除が行われるデータ構造である。計算量は，いずれも O(1) である。

本章では，スタックとキューについて説明し，それらの実装方法について説明する。スタックやキューは，組込みのリスト型や，標準ライブラリの deque 型を用いることが実用上は望ましい。しかし，アルゴリズムの理解のために，まず Python により実装し，そのあとでリスト型や deque 型を用いる方法について説明する。

6.1　スタック

(1) アルゴリズム

スタック（stack）は，最後に挿入されたものが最初に取り出されるので，**後入れ先出し**（LIFO: last in first out）と呼ばれ，再帰呼出しの管理などに用いられている。データをリストに入れる操作を**プッシュ**（push），取り出す操作を**ポップ**（pop）と呼ぶ。図 6.1 にスタックの構造を示す。

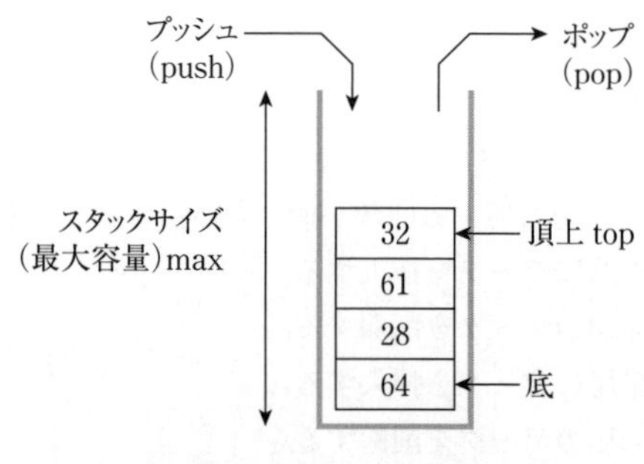

図 6.1　スタックの構造

(2) 実　装

図 6.1 は，4 つの int 型のデータが格納されている様子を示している。そのプログラムと実行結果を**プログラム 6.1** に示す。まず，フィールド変数は，スタックサイズ（最大容量）max，データ数 n，スタックのデータを格納する配列 a，そして頂上のインデックス top である。コンストラクタは，スタックサイズを表す 1 つの引数をもつ。この値をもとに，配列を生成し，データ数に (−1) を入れている。また，メソッドには，push( ) メソッド，pop( ) メソッド，peek( ) メソッド，isEmpty( ) メソッド，isFull( ) メソッド，そして dump( ) メソッドを準備している。これらのメソッドの機能を**表 6.1** に示し，**表 6.2** にスタックの動作過程を示す。

プログラム 6.1　スタック（stack_app.py）

```
1  # stack_app.py    (6-1)
2  
3  class EmptyStackException(Exception): pass
4  class OverFlowStackException(Exception): pass
5  
6  class StackApp:
7      def __init__(self, max):
8          self.max = max; self.a = [0] * max    # [0,0,...0]
9          self.n = 0; self.top = -1
10 
11     def push(self, data):
12         try:
13             if self.n >= self.max:
14               raise OverFlowStackException('OverFlowStackException')
15             self.top += 1
16             self.a[self.top] = data
17             self.n += 1
18         except OverFlowStackException as e:
19             print(e)
20 
21     def pop(self):
22         if self.top <= 0: raise EmptyStackException("EmptyStackException")
23         self.n -= 1
24         pop_data = self.a[self.top]
25         self.top -= 1
26         return pop_data
27 
28     def peek(self):
29         if self.top <= 0: raise EmptyStackException()
```

表 6.1　StackApp に実装したメソッド

メソッド	説　明
push( )	スタックにデータをプッシュする。ただし，スタックが満杯の場合は，例外（OverflowStackException）が投げられる。
pop( )	スタックからデータをポップする。ただし，スタックが空の場合は，例外（EmptyStackException）が投げられる。
peek( )	スタックのトップにあるデータを覗き見する。覗き見するだけなので，データは不変である。ただし，スタックが空の場合は，例外（EmptyStackException）が投げられる。
isEmpty( )	スタックが空であるか否かを調べる。空であれば真（true），そうでなければ偽（false）が返される。
isFull( )	スタックが満杯であるか否かを調べる。満杯であれば真（true），そうでなければ偽（false）が返される。
dump( )	スタック内の全データを表示する。表示の順番は，スタックの底から頂上への方向である。

```
30            return self.a[top]
31
32        def isEmpty(self): return self.top == -1
33
34        def isFull(self): return self.top == max-1
35
36        def dump(self, stack):
37            for i in range(0,self.top+1):
38                print( "a[",i,"]= ",self.a[i]," ", end="")
39            print()
40
41    def main():
42        stack = StackApp(4)
43        stack.push(64), print("push(64): ",end=""),stack.dump(stack)
44        stack.push(28), print("push(28): ",end=""),stack.dump(stack)
45        stack.push(61), print("push(61): ",end=""),stack.dump(stack)
46        stack.push(32), print("push(32): ",end=""),stack.dump(stack)
47
48        #stack.push(29)
49        print("top= ",stack.top)
50        data = stack.pop()
51        print("pop()=",data,"  : ",end=""),stack.dump(stack)
52        stack.push(29); print("push(29): ",end=""),stack.dump(stack)
53
54    if __name__ == "__main__":
55        main()
```

表 6.2　スタックの動作過程

0	stack = StackApp(4)	[max−1] [2] [1] [0] ↕ max	n = 0 top = −1
1	stack.push(64)	[max−1] [2] [1] [0] 64 ← top	n = 1 top = 0
2	stack.push(28)	[max−1] [2] [1] 28 ← top [0] 64	n = 2 top = 1
3	stack.push(61)	[max−1] [2] 61 ← top [1] 28 [0] 64	n = 3 = max−1 top = 2
4	stack.push(32)	[max−1] 32 ← top [2] 61 [1] 28 [0] 64	n = 4 = max top = 3
5	stack.push(29)	[max−1] 32 ← top [2] 61 [1] 28 [0] 64	例外発生 OverFlowStackException
	上記をコメント後		
6	data = stack.pop()	[max−1] 32 [2] 61 ← top [1] 28 [0] 64	n = 3 top = 2
7	stack.push(29)	[max−1] 29 ← top [2] 61 [1] 28 [0] 64	n = 4 top = 3 = max−1

実行結果

```
push( 64 ): a[0]= 64
push( 28 ): a[0]= 64  a[1]= 28
push( 61 ): a[0]= 64  a[1]= 28  a[2]= 61
push( 32 ): a[0]= 64  a[1]= 28  a[2]= 61  a[3]= 32
top= 3
pop() =32 : a[0]= 64  a[1]= 28  a[2]= 61
push( 29 ): a[0]= 64  a[1]= 28  a[2]= 61  a[3]= 29
```

6.2 キュー

(1) キュー構造

キュー（queue）は，最初に挿入されたものが最初に取り出されるので，**先入れ先出し**（FIFO: first in first out）と呼ばれ，スーパーのレジで見られるような待ち行列に対応する。データをリストに入れる操作を**エンキュー**（enqueue），取り出す操作を**デキュー**（dequeue）と呼ぶ。図6.2にキューの構造を示す。

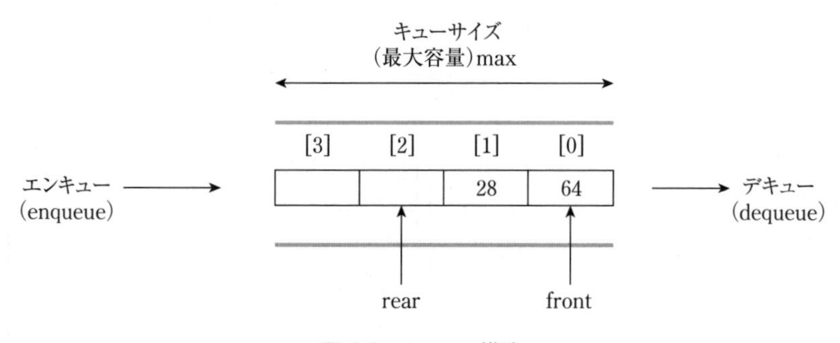

図6.2 キューの構造

(2) 実　装

キューを実現するプログラムとその実行結果を**プログラム6.2**に示す。フィールド変数は，キューサイズ max，データ数 n，キューのデータを格納する配列 a，取り出しインデックス front，そして格納インデックス rear である。コンストラクタは，スタックサイズを表す1つの引数をもつ。この値をもとに，配列を生成し，front と rear に 0 を入れている。また，メソッドには，enque( ) メソッド，deque( ) メソッド，peekfront( ) メソッド，isEmpty( ) メソッド，isFull( ) メソッド，そして dump( ) メソッドを準備している。

プログラム 6.2 キュー（queue_app.py）

```
1  # queue_app.py      (6-2)
2  
3  class EmptyQueueException(Exception): pass
4  class OverFlowQueueException(Exception): pass
5  
6  class QueueApp:
7      def __init__(self,max):
8          self.max = max; self.a = [0] * max    # [0,0,...0]
9          self.front = 0; self.rear = 0; self.n = 0
10 
11     def enque(self, data):
12         try:
13             if self.n >= self.max:
14                 raise OverFlowQueueException('OverFlowStackException')
15             self.a[self.rear] = data
16             self.rear += 1
17             if self.rear >= self.max: self.rear = 0;
18             self.n += 1
19         except OverFlowQueueException as e:
20             print(e)
21 
22     def deque(self):
23         try:
24             if self.n <= 0: raise EmptyQueueException('EmptyQueueException')
25             tmp = self.a[self.front]
26             self.front += 1
27             if self.front == self.max: self.front = 0
28             self.n -= 1
29             return tmp
30 
31         except OverFlowQueueException as e:
32             print(e)
33 
34     def peekFront(self): return a[self.front]
35     def isEmpty(self): return (self.n == 0)
36     def isFull(self): return (self.n == max)
37     def size(self): return self.n
38 
```

```
39      def dump(self, que):
40          print( "{[max-1]...[1] [0]}:{", end="" )
41          for i in reversed( range(0, self.max) ):
42              print( "{:2d}  ".format(self.a[i]), end="")
43          print("}")
44          print( "      n= ",self.n,"  front= ", \
45              self.front,"  rear= ",self.rear )
46
47  def main():
48      que = QueueApp(4)
49      que.enque(64), print("enque(64): ",end=""),que.dump(que)
50      que.enque(28), print("enque(28): ",end=""),que.dump(que)
51      que.enque(61), print("enque(61): ",end=""),que.dump(que)
52      que.enque(32), print("enque(32): ",end=""),que.dump(que)
53
54      # que.enque(29)
55      data = que.deque(), print("que.deque(): ",end=""),que.dump(que)
56      que.enque(29), print("enque(29): ",end=""),que.dump(que)
57
58  if __name__ == "__main__":
59      main()
```

実行結果

```
enque( 64 ) : {[max-1]...[1] [0]}:{ 0  0  0 64 }
        n= 1  front= 0  rear= 1
enque( 28 ) : {[max-1]...[1] [0]}:{ 0  0 28 64 }
        n= 2  front= 0  rear= 2
enque( 61 ) : {[max-1]...[1] [0]}:{ 0 61 28 64 }
        n= 3  front= 0  rear= 3
enque( 32 ) : {[max-1]...[1] [0]}:{32 61 28 64 }
        n= 4  front= 0  rear= 0
deque()= 64 : {[max-1]...[1] [0]}:{32 61 28 64 }
        n= 3  front= 1  rear= 0
enque( 29 ) : {[max-1]...[1] [0]}:{32 61 28 29 }
        n= 4  front= 1  rear= 1
```

main( ) メソッドに記述されているように，データとして { 64, 28, 61, 32 } をエンキューする。この状態で，キューは満杯となっている。コメント行を外して，29 のエンキューを実行すると “OverFlowQueueException” が発生する。つぎにデキューを実行し，キューから 1 つの要素を取り除く。そして，再び 29 のエンキューを実行すると，今度はキューに追加される。表 6.3 にキューの動作過程を示す。

表 6.3 キューの動作過程

0	que = QueueApp(4)	[max−1] [2] [1] [0] [ ][ ][ ][ ] front rear ↑[0]	n = 0 front = rear = 0
1	que.enque(64)	[ ][ ][ ][64] rear ↑[1], front ↑[0]	n = 1 front = 0 rear = 1
2	que.enque(28)	[ ][ ][28][64] rear ↑[2], front ↑[0]	n = 2 front = 0 rear = 2
3	que.enque(61)	[ ][61][28][64] rear ↑[3], front ↑[0]	n = 3 = max−1 front = 0 rear = 3
4	que.enque(32)	[32][61][28][64] front rear ↑[0]	n = 4 = max front = 0 rear = 0
5	que.enque(29)	[32][61][28][64] front rear ↑[0]	例外発生 OverFlowQueueException
	上記をコメント後		
6	data = que.deque()	[32][61][28][64] front ↑[1], rear ↑[0]	n = 3 front = 1 rear = 0
7	que.enque(29)	[32][61][28][29] front rear ↑[1]	n = 4 front = 1 rear = 1

6.3 リスト型を用いたスタックとキュー

スタックとキューは，Python のリスト型を用いても実装できる。これまで，スタックとキューの実装では，図 6.1 や図 6.2 に示したように，最大容量（max）の管理を実施していた。しかし，リスト型に挿入できる要素数は，32

ビットシステムで 536870912（$=2^{29}$）と極めて大きな数であるため，通常は最大容量の管理は不要と考えられる（ただし，2^{29} 以上の要素を扱うときは注意が必要である）。以下では，最大容量を考慮しないでスタックとキューの実装方法について述べる。

Python のリスト型のメソッドは，表 5.1 に示してある。

プログラム 6.3 に要素が整数値のリスト型を用いたスタックとキューのプログラムを示す。リスト型の append( ) メソッドと pop( ) メソッドを用いて容易にスタックとキューが実装されていることがわかる。

プログラム 6.3　リストを用いたスタックとキュー（list_stack_queue_app.py）

```
1  # list_stack_queue_app.py    (6-3)
2
3  def main():
4
5      print("#### Stack (LIFO) ####")
6      stack = []
7
8      stack.append(64), print("append(64): ",end=""),print(stack)
9      stack.append(28), print("append(28): ",end=""),print(stack)
10     stack.append(61), print("append(61): ",end=""),print(stack)
11     stack.append(32), print("append(32): ",end=""),print(stack)
12     d = stack.pop();print("pop()="+str(d)+"  : ",end=""),print(stack)
13     d = stack.pop();print("pop()="+str(d)+"  : ",end=""),print(stack)
14     d = stack.pop();print("pop()="+str(d)+"  : ",end=""),print(stack)
15     d = stack.pop();print("pop()="+str(d)+"  : ",end=""),print(stack)
16     print("\n#### Queue (FIFO) ####")
17     queue = []
18     queue.append(64), print("append(64): ",end=""),print(queue)
19     queue.append(28), print("append(28): ",end=""),print(queue)
20     queue.append(61), print("append(61): ",end=""),print(queue)
21     queue.append(32), print("append(32): ",end=""),print(queue)
22     d = queue.pop(0);print("pop(0)="+str(d)+"  : ",end=""),print(queue)
23     d = queue.pop(0);print("pop(0)="+str(d)+"  : ",end=""),print(queue)
24     d = queue.pop(0);print("pop(0)="+str(d)+"  : ",end=""),print(queue)
25     d = queue.pop(0);print("pop(0)="+str(d)+"  : ",end=""),print(queue)
26
27 if __name__ == "__main__":
28     main()
```

実行結果

```
#### Stack (LIFO) ####
append(64): [64]
append(28): [64, 28]
append(61): [64, 28, 61]
append(32): [64, 28, 61, 32]
pop()=32  : [64, 28, 61]
pop()=61  : [64, 28]
pop()=28  : [64]
pop()=64  : []

#### Queue (FIFO) ####
append(64): [64]
append(28): [64, 28]
append(61): [64, 28, 61]
append(32): [64, 28, 61, 32]
pop(0)=64  : [28, 61, 32]
pop(0)=28  : [61, 32]
pop(0)=61  : [32]
pop(0)=32  : []
```

つぎに，**プログラム 6.4** に自作クラスの Student 型（プログラム 1.2）のデータを要素として，リストデータ型を用いたスタックとキューのプログラムを示す。動作時には，Student.py のプログラムを同一ディレクトリに配置することに注意が必要である。

プログラム 6.4　リストを用いたスタックとキュー（list_stack_queue_app2.py）

```
1  # list_stack_queue_app2.py    (6-4)
2
3  from Student import Student
4
5  def main():
6      s = []
7      s.append(Student(1,"T",64))
8      s.append(Student(2,"C",28))
9      s.append(Student(3,"N",61))
10     s.append(Student(4,"Y",32))
11     s.append(Student(5,"K",29))
12
13     stack = []
14     stack.append(s[0]), print("push(s[0]): ",end=""),print(stack)
15     stack.append(s[1]), print("push(s[1]): ",end=""),print(stack)
16     stack.append(s[2]), print("push(s[2]): ",end=""),print(stack)
17     stack.append(s[3]), print("push(s[3]): ",end=""),print(stack)
18     data = stack.pop();print("pop()="+str(data)+"  : ",end=""),print(stack)
19     stack.append(s[4]), print("push(s[4]): ",end=""),print(stack)
```

```
20
21 if __name__ == "__main__":
22     main()
```

実行結果

```
push(s[0]): [(1, 'T', 64)]
push(s[1]): [(1, 'T', 64), (2, 'C', 28)]
push(s[2]): [(1, 'T', 64), (2, 'C', 28), (3, 'N', 61)]
push(s[3]): [(1, 'T', 64), (2, 'C', 28), (3, 'N', 61), (4, 'Y', 32)]
pop()=(4, 'Y', 32)  : [(1, 'T', 64), (2, 'C', 28), (3, 'N', 61)]
push(s[4]): [(1, 'T', 64), (2, 'C', 28), (3, 'N', 61), (5, 'K', 29)]
```

6.4 標準ライブラリの deque 型を用いたスタックとキュー

Python の標準ライブラリ collections モジュールの deque 型を使うと，キューやスタックとして効率的に扱うことができる。deque 型の構文は以下である。

```
deque( [iterable [, maxlen] ]
```

ここで，iterable は反復可能なオブジェクトで，range，リスト，タプル，集合，辞書，文字列などが含まれる。maxlen は deque 型のサイズである。[ ] は省略可で，省略された場合は deque 型は任意のサイズまで大きくなる。

標準ライブラリの deque 型のメソッドを表 6.4 に示す。

プログラム 6.5 に要素が整数値の deque 型を用いたスタックとキューのプログラムを示す。スタックは append( ) メソッドと pop( ) メソッドを用いて，キューは appendleft( ) メソッドと pop( ) メソッドを用いて容易に実装されていることがわかる。

プログラム 6.5 deque 型を用いたスタックとキュー（deque_stack_queue_app.py）

```
1  # deque_stack_queue_app.py      (6-5)
2
3  from collections import deque
4
5  def main():
6      print("#### Stack (LIFO) ####")
7      stack = deque([0 for i in range(5)],5)
8      stack.append(64),print("append(64): ",end=""),print(stack)
9      stack.append(28),print("append(28): ",end=""),print(stack)
```

表 6.4　標準ライブラリの deque 型のメソッド（一部）

メソッド	説明
append(x)	deque オブジェクトの右側に x を追加する。長さが制限された deque オブジェクトが満杯になると，新しい要素を追加するときに追加した要素数分だけ追加したのと反対側から要素が捨てられる。
appendleft(x)	deque オブジェクトの左側に x を追加する。
insert(i,x)	x を deque オブジェクトの位置 i に挿入する。挿入によって，deque オブジェクトの長さが maxlen を超える場合，IndexError が発生する。
remove(value)	value の最初に現れるものを削除する。要素が見つからない場合は ValueError を送出する。
pop()	deque オブジェクトの右側から要素を 1 つ削除し，その要素を返す。要素が 1 つも存在しない場合は IndexError を発生させる。
clear()	dequeオブジェクトからすべての要素を削除し，長さを 0にする。
reverse()	deque オブジェクトの要素をインプレースに反転し，None を返す。ここで，インプレースとは，元のデータを演算結果で置き換えるやりかたのことである。
copy()	deque オブジェクトの浅い (shallow) コピーを返す。

```
10      stack.append(61),print("append(61): ",end=""),print(stack)
11      stack.append(32),print("append(32): ",end=""),print(stack)
12      stack.append(29),print("append(29): ",end=""),print(stack)
13
14      for i in range(5):
15          d = stack.pop();
16          print("pop()=",d,": ",end=""),print(stack)
17
18      print("\n#### Queue (FIFO) ####")
19      queue = deque([0 for i in range(5)],5)
20      queue.appendleft(64),print("appendleft(64): ",end=""),print(queue)
21      queue.appendleft(28),print("appendleft(28): ",end=""),print(queue)
22      queue.appendleft(61),print("appendleft(61): ",end=""),print(queue)
23      queue.appendleft(32),print("appendleft(32): ",end=""),print(queue)
24      queue.appendleft(29),print("appendleft(29): ",end=""),print(queue)
25
26      for i in range(5):
27          d = queue.pop();print("pop()=",d,"    : ",end=""),print(queue)
28
29  if __name__ == "__main__":
30      main()
```

実行結果

```
#### Stack (LIFO) ####
append(64): deque([0, 0, 0, 0, 64], maxlen=5)
append(28): deque([0, 0, 0, 64, 28], maxlen=5)
append(61): deque([0, 0, 64, 28, 61], maxlen=5)
append(32): deque([0, 64, 28, 61, 32], maxlen=5)
append(29): deque([64, 28, 61, 32, 29], maxlen=5)
pop()= 29 : deque([64, 28, 61, 32], maxlen=5)
pop()= 32 : deque([64, 28, 61], maxlen=5)
pop()= 61 : deque([64, 28], maxlen=5)
pop()= 28 : deque([64], maxlen=5)
pop()= 64 : deque([], maxlen=5)

#### Queue (FIFO) ####
appendleft(64): deque([64, 0, 0, 0, 0], maxlen=5)
appendleft(28): deque([28, 64, 0, 0, 0], maxlen=5)
appendleft(61): deque([61, 28, 64, 0, 0], maxlen=5)
appendleft(32): deque([32, 61, 28, 64, 0], maxlen=5)
appendleft(29): deque([29, 32, 61, 28, 64], maxlen=5)
pop()= 64     : deque([29, 32, 61, 28], maxlen=5)
pop()= 28     : deque([29, 32, 61], maxlen=5)
pop()= 61     : deque([29, 32], maxlen=5)
pop()= 32     : deque([29], maxlen=5)
pop()= 29     : deque([], maxlen=5)
```

6.5 関連プログラム

・deque 型による自作クラスのスタックとキュー

自作クラスの Student 型（プログラム 1.2）のデータを要素として，deque 型を用いたスタックとキューのプログラムを示す。動作時には，Student.py のプログラムを同一ディレクトリに配置することに注意が必要である。

プログラム 6.6 にそのプログラムを示す。

プログラム 6.6　deque による自作クラスのスタックとキュー（deque_stack_queue_app2.py）

```
1  # deque_stack_queue_app2.py    (6-6)
2
3  from collections import deque
4  from Student import Student
5
6  def main():
7
8      s = []
9      s.append(Student(1,"T",64 ))
```

```
10      s.append(Student(2,"C",28 ))
11      s.append(Student(3,"N",61 ))
12      s.append(Student(4,"Y",32 ))
13      s.append(Student(5,"K",29 ))
14
15      print("#### Stack (LIFO) ####")
16      stack = deque([0 for i in range(5)],5)
17      for i in range(5):
18          stack.append(s[i]),print("append(s["+str(i)+"]):",end="")
19          print(stack)
20      for i in range(5):
21           d = stack.pop(); print("pop()=",d,":",end=""), print(stack)
22
23      print("\n#### Queue (FIFO) ####")
24      queue = deque([0 for i in range(5)],5)
25      for i in range(5):
26          queue.appendleft(s[i]),print("appendleft(s["+str(i)+"]):",end="")
27          print(queue)
28      for i in range(5):
29           d = queue.pop(); print("pop()=",d,":",end=""), print(queue)
30
31
32  if __name__ == "__main__":
33      main()
```

実行結果

```
#### Stack (LIFO) ####
append(s[0]):deque([0,0,0,0,(1,'T',64)], maxlen=5)
append(s[1]):deque([0 0,0, (1,'T',64),(2,'C',28)], maxlen=5)
append(s[2]):deque([0,0,(1,'T',64),(2,'C',28),(3,'N',61)], maxlen=5)
append(s[3]):deque([0,(1,'T',64),(2,'C',28),(3,'N',61),(4,'Y',32)], 同上)
append(s[4]):deque([(1,'T',64),(2,'C',28),(3,'N',61),(4,'Y',32), (5,'K',29)], 同上)
pop()= (5,'K',29): deque([(1,'T',64),(2,'C',28),(3,'N',61),(4,'Y',32)], maxlen=5)
pop()= (4,'Y',32): deque([(1,'T',64),(2,'C',28),(3,'N',61)], maxlen=5)
pop()= (3,'N',61): deque([(1,'T',64),(2,'C',28)], maxlen=5)
pop()= (2,'C',28): deque([(1,'T',64)], maxlen=5)
pop()= (1,'T',64): deque([], maxlen=5)

#### Queue (FIFO) ####
appendleft(s[0]): deque([(1,'T',64), 0, 0, 0, 0], maxlen=5)
appendleft(s[1]): deque([(2,'C',28),(1,'T',64), 0, 0, 0], maxlen=5)
appendleft(s[2]): deque([(3,'N',61),(2,'C',28),(1,'T',64), 0, 0], 同上)
appendleft(s[3]): deque([(4,'Y',32), (3,'N',61),(2,'C',28), (1,'T',64), 0], 同上)
appendleft(s[4]): deque([(5,'K',29),(4,'Y',32),(3,'N',61),(2,'C',28),(1,'T',64)], 同上)
pop()= (1,'T',64): deque([(5,'K',29),(4,'Y',32),(3,'N',61),(2,'C',28)], maxlen=5)
pop()= (2,'C',28) : deque([(5,'K',29),(4,'Y',32),(3,'N',61)], maxlen=5)
pop()= (3,'N',61) : deque([(5,'K',29),(4,'Y',32)], maxlen=5)
pop()= (4,'Y',32) : deque([(5,'K',29)], maxlen=5)
pop()= (5,'K',29) : deque([], maxlen=5)
```

演習問題

6-1 FIFO の処理に適したデータ構造はどれか。

ア　キュー　　イ　スタック　　ウ　2分木　　エ　ヒープ

6-2 スタックに関する記述として，適切なものはどれか。

ア　最後に格納したデータを最初に取り出すことができる。

イ　最初に格納したデータを最初に取り出すことができる。

ウ　探索キーからアドレスに変換することによって，データを取り出すことができる。

エ　優先順位の高いデータを先に取り出すことができる。

6-3 PUSH 命令でスタックにデータを入れ，POP 命令でスタックからデータを取り出す。動作中のプログラムにおいて，ある状態からつぎの順で 10 個の命令を実行したとき，スタックの中のデータは図のようになった。1 番目の PUSH 命令でスタックに入れたデータはどれか。

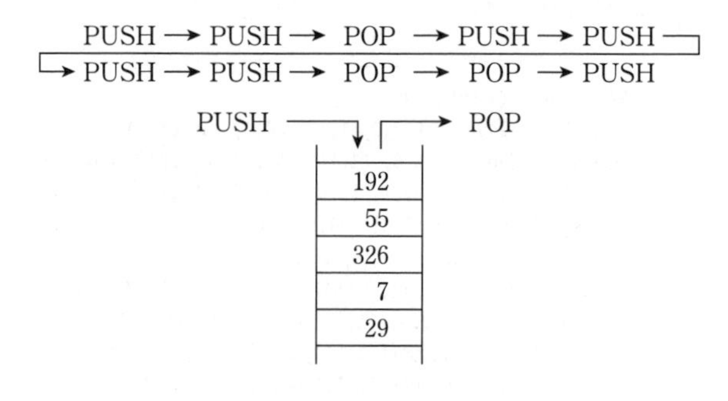

ア　29　　イ　7　　ウ　326　　エ　55

6-4 つぎの 2 つのスタック操作を定義する。

PUSH n：スタックにデータ (整数値 n) をプッシュする。

POP：スタックからデータをポップする。

空のスタックに対して，つぎの順序でスタック操作を行った結果はどれか。

PUSH 1 → PUSH 5 → POP → PUSH 7 → PUSH 6 → PUSH 4 → POP → POP → PUSH 3

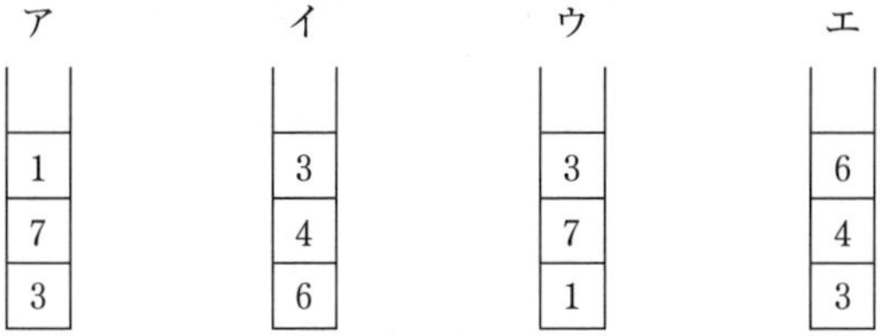

ア	イ	ウ	エ
1	3	3	6
7	4	7	4
3	6	1	3

6-5 データ構造に関する記述のうち，適切なものはどれか。

ア　2分木は，データ間の関係を階層的に表現する木構造の一種であり，すべての節が2つの子をもつデータ構造である。

イ　スタックは，最初に格納したデータを最初に取り出す先入れ先出しのデータ構造である。

ウ　線形リストは，データ部とつぎのデータの格納先を指すポインタ部から構成されるデータ構造である。

エ　配列は，ポインタの付替えだけでデータの挿入・削除ができるデータ構造である。

6-6 待ち行列に対する操作をつぎのとおり定義する。

ENQ n: 待ち行列にデータ n を挿入する。

DEQ : 待ち行列からデータを取り出す。

空の待ち行列に対し，ENQ1，ENQ2，ENQ3，DEQ，ENQ4，ENQ5，DEQ，ENQ6，DEQ，DEQ の操作を行った。つぎに DEQ 操作を行ったとき，取り出される値はどれか。

ア　1　　イ　2　　ウ　5　　エ　6

6-7 十分な大きさの配列 A と初期値が 0 の変数 p に対して，関数 $f(x)$ と $g(\,)$ がつぎのとおり定義されている。配列 A と変数 p は，関数 f と g だけでアクセス可能である。これらの関数が操作するデータ構造はどれか。

```
function f(x){
  p=p+1
  A[p]=x
  return None
}
function g(){
  x=A[p]
  p=p-1
```

```
  return x
}
```

ア　キュー　　イ　スタック　　ウ　ハッシュ　　エ　ヒープ

6-8 キューに関する記述として，最も適切なものはどれか。

ア　最後に格納されたデータが最初に取り出される。

イ　最初に格納されたデータが最初に取り出される。

ウ　添字を用いて特定のデータを参照する。

エ　2つ以上のポインタを用いてデータの階層関係を表現する。

6-9 関数や手続を呼び出す際に，戻り番地や処理途中のデータを一時的に保存するのに適したデータ構造はどれか。

ア　2分探索木　　イ　キュー　　ウ　スタック　　エ　双方向連結リスト

6-10 A, B, C, D の順に到着するデータに対して，1つのスタックだけを用いて出力可能なデータ列はどれか。

ア　A, D, B, C　　イ　B, D, A, C　　ウ　C, B, D, A　　エ　D, C, A, B

第7章　木構造

木構造（tree structure）は，データ構造の 1 つとしてよく利用されている。木構造を構成する要素は，**ノード**（node）と**エッジ**（edge）である。エッジは，**ブランチ**（branch）や**リンク**（link）とも呼ばれる。日本語訳は，節点と枝である。木構造を用いると，探索やソートなどの効率的なアルゴリズムを実現することができる。木構造には，2 分木，完全 2 分木，2 分探索木，平衡木，赤黒木などがある。

本章では，木構造について説明し，その実装方法について述べる。

7.1　木構造とは

（1）木構造のキーワード

図 7.1 に木構造の例を示す。図に示すように，木構造はノードとノード間を結ぶエッジで表される。木の最上流のノードが**根**（root）であり，根からどのくらい離れているかを示す指標が**レベル**（level）である。レベル間のノードには，親子関係がある。すなわち，あるノードを基準とすると，上流レベルのノードが**親**（parent）であり，下流レベルのノードが**子**（child）である。木構造においては，親は 1 つだけに限定される。木構造のキーワードを表 7.1 に

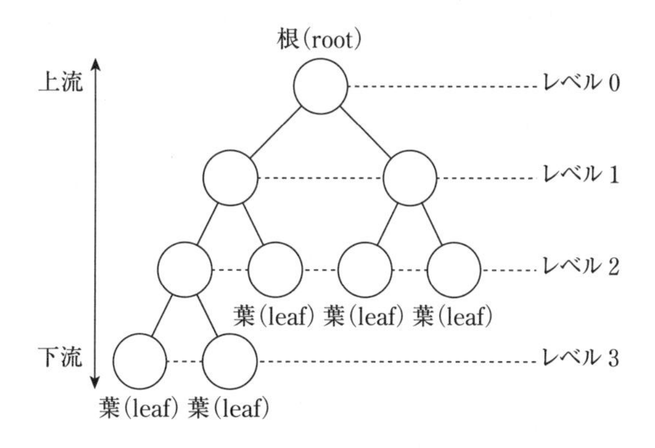

図 7.1　木構造の例

表7.1　木構造のキーワード

キーワード	説　明
根（root）	最も上流のノードであり，1つの木に1つのみ存在する。
親（parent）	あるノードの上流ノードであり，1つのみ存在する。
子（child）	あるノードの下流ノードであり，2個の場合を2分木，3個以上の場合を多分木と呼ぶ。
葉（leaf）	子をもたないノードである。
兄弟（sibling）	共通の親をもつノードである。
先祖（ancestor）	あるノードの上流側をたどるすべてのノードである。
子孫（descendant）	あるノードの下流側をたどるすべてのノードである。
レベル（level）	根からの距離であり，根のレベルを0として計算される。
度数（degree）	ノードがもつ子の数である。
高さ（height）	根から最も遠い葉までの距離である。
部分木（subtree）	あるノードを根とした場合の，子孫から構成される木のことである。
空木（null tree）	ノードやエッジが存在しない木のことである。
順序木（ordered tree）	兄弟の順序関係を区別する木のことである。すなわち，左のエッジに接続しているすべてのノードは，このノードより小さく，右のエッジに接続しているすべてのノードは，このノードより大きい。2分探索木に用いられる。
無順序木（unordered tree）	兄弟の順序関係を区別しない木のことである。

示す。

(2) 順序木の探索方法

順序木を用いた探索方法は，図7.2に示すように，**幅優先探索**（BFS：breadth first search）と**深さ優先探索**（DFS：depth first search）の2つに大別される。

まず，幅優先探索は横型探索とも呼ばれ，図7.2 (a) に示すように，ルートから始め，左側から右側になぞり，終了後につぎのレベルに移り，同様に探索する方法である。探索ノードは，A→B→C→D→E→F→G→H→Iの順に探索される。

つぎに，深さ優先探索は縦型探索とも呼ばれ，図7.2 (b) に示すように，ルートから始め，左側からエッジをなぞりながら下流の葉に到達するまで下ってい

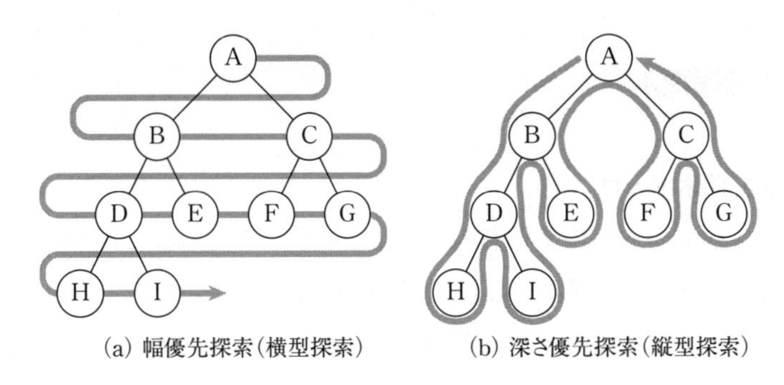

(a) 幅優先探索（横型探索）　(b) 深さ優先探索（縦型探索）

図 7.2　順序木を用いた探索方法

き，行き止まりになると親に戻り，またつぎのノードへと繰り返したどっていく。

ここで，2 つの子をもつノードについて走査の過程に注目すると，3 回の通過が認められる。すなわち，①当該ノードの左側の子の子孫を走査する場合，②左側の子孫の走査を終了し，当該ノードまで戻り，右の子の子孫の走査を開始する場合，③右の子の子孫の走査を終了し，戻ってきた場合である。この 3 回の走査のうち，どのタイミングで探索するかにより，**行きがけ順**（pre-order），**通りがけ順**（in-order），**帰りがけ順**（post-order）に分類されている。図 7.3 は深さ優先探索の 3 つの種類を示している。

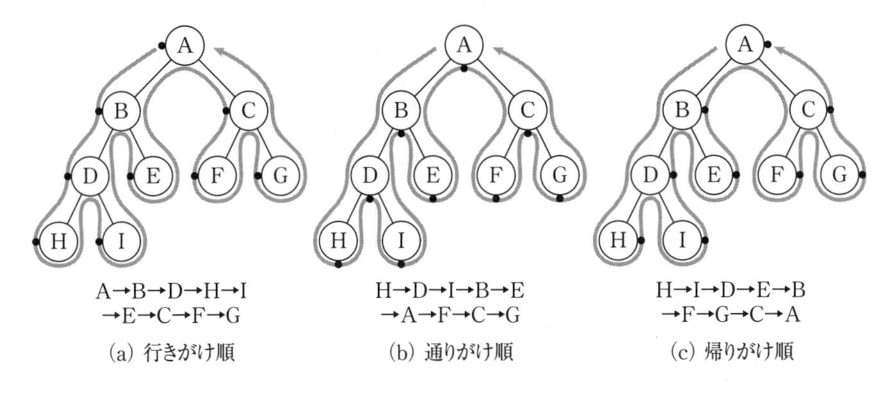

(a) 行きがけ順　(b) 通りがけ順　(c) 帰りがけ順

図 7.3　深さ優先探索の 3 つの種類

7.2　2分探索木

(1) 2分探索木とは

木の各ノードが，左の子と右の子の2つの子を有することができる木を**2分木**（binary tree）と呼ぶ。なお，2分木は，2つの子の一方または両方が存在しなくてもよい。また，ルートから下方のレベルへノードが詰まり，同一レベルでは左から右へノードが詰まっている2分木を**完全2分木**（complete binary tree）と呼ぶ。

そして，ここで扱う**2分探索木**（binary search tree）は，以下の条件を満たす2分木である。

・左部分木のノードのキー値は，そのノードのキー値より小さい。

・右部分木のノードのキー値は，そのノードのキー値より大きい。

(2) 実　装

図7.4に2分探索木を構成するノードクラスNodeを示す。図に示すように，左部分木のノードへの参照leftと，右部分木のノードへの参照rightが追加されていることに注意する。

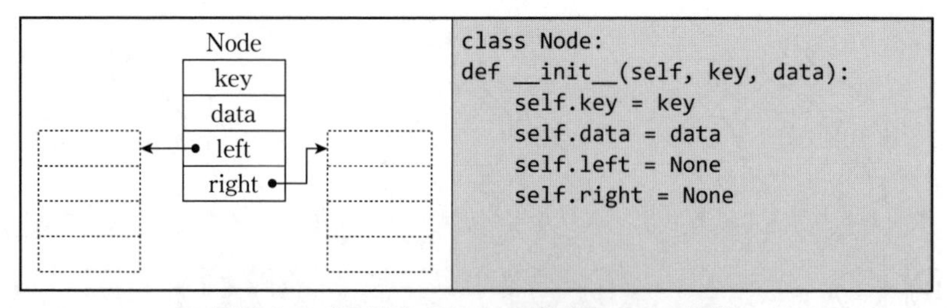


```
class Node:
def __init__(self, key, data):
    self.key = key
    self.data = data
    self.left = None
    self.right = None
```

図7.4　2分探索木のノードの構成図とクラス記述

プログラム7.1に2分探索木のプログラムを，**プログラム7.2**にテストプログラムと実行結果を示す。ここでは，Studentクラス（プログラム1.2）の4つのインスタンス（キー値 = 0, 1, 2, 3）を「キー値 = 2」であるインスタンス（s[2]）をルートとし 2 分探索木に登録し，行きがけ順で出力し，「キー値 = 2」であるデータの検索結果と，登録されていない「キー値 = 100」のデータの検索結果を示している。

プログラム 7.1　2 分探索木（BinTree.py）

```
1  # BinTree.py    (7-1)
2  
3  class Node:
4      def __init__(self, key, data):
5          self.key = key; self.data = data; self.left = None; self.right = None
6  
7      def __repr__(self): return repr((self.key, self.data))
8  
9  class BinaryTree:
10     def __init__(self): self.root = None
11 
12     def insert(self, root, key, data):
13         if self.root is None: self.root = Node(key, data)
14         else:
15             if root is None: root = Node(key, data)
16             elif root.key <= key:
17                 root.right = self.insert(root.right, key, data)
18             elif root.key > key:
19                 root.left = self.insert(root.left, key, data)
20         return root
21 
22     def search(self, key):
23         find_node = self.searchNode(self.root, key)
24         if find_node is not None: return print(find_node)
25         return print(find_node)
26 
27     def searchNode(self, current, key):
28         if(current is None): return None
29         elif(key == current.key): return current
30         elif(key < current.key): return self.searchNode(current.left, key)
31         else: return self.searchNode(current.right, key)
32 
33     def print_preorder(self, root):
34         if root is not None:
35             print(root)
36             if root.left is not None: self.print_preorder(root.left)
37             if root.right is not None: self.print_preorder(root.right)
```

プログラム 7.2　2 分探索木のテスト（bin_tree_app.py）

```
1   # bin_tree_app.py    (7-2)
2
3   import BinTree
4   from Student import Student
5
6   class Node:
7       def __init__(self, key, data):
8           self.key = key; self.data = data; self.left = None; self.right = None
9
10      def __repr__(self): return repr((self.key, self.data))
11
12  def main():
13
14      s = []
15      s.append(Student(1,"T",64)); s.append(Student(2,"C",28))
16      s.append(Student(3,"N",61)); s.append(Student(4,"Y",32))
17      s.append(Student(5,"K",29))
18
19      t = BinTree.BinaryTree()
20      t.root = Node(2,s[2])     # set (key data)=(2,s[2]) to root
21
22      t.insert(t.root, 1, s[1]); t.insert(t.root, 0, s0])
23      t.insert(t.root, 3, s[3]); t.insert(t.root, 4, s[4])
24
25      print("print_preorder : ")
26      t.print_preorder(t.root)
27
28      print()
29      print("search(2) =  ",end=""); t.search(2)
30      print("search(100) =  ",end=""); t.search(100)
31
32  if __name__ == "__main__":
33      main()
```

実行結果

```
print_preorder :
(2, (3, 'N', 61))
(1, (2, 'C', 28))
(0, (1, 'T', 64))
(3, (4, 'Y', 32))
(4, (5, 'K', 29))

search(2) =  (2, (3, 'N', 61))
search(100) =  None
```

7.3　ヒープソート

(1)　アルゴリズム

ヒープ（heap）は，半順序集合を木で表現したデータ構造である。木構造において，子ノードは親ノードよりつねに小さいか等しい（大きいか等しい）という制約をもつものである。ただし，子ノード間の大小関係がないので半順序木である。親ノードが子ノードより大きい場合を**最大ヒープ**（max-heap property），親ノードが子ノードより小さい場合を**最小ヒープ**（min-heap property）と呼ぶ。また，ヒープは最大値（または，最小値）が，つねにルートノードとなるために，この性質を利用したソートが**ヒープソート**（heap sort）である。

ヒープソートは，リストのソートに2分ヒープデータ構造を用いるアルゴリズムである。**2分ヒープ**（binary heap）は，「親ノードの値が，その2つの子ノードの値よりも大きいか等しい（または，小さいか等しい）ような順序で格納されるという条件を満たす完全2分木」である。以下では，降順にソートするヒープソートを説明する。

図7.5に示すように，2分木は配列を用いて表すことができる。すなわち，

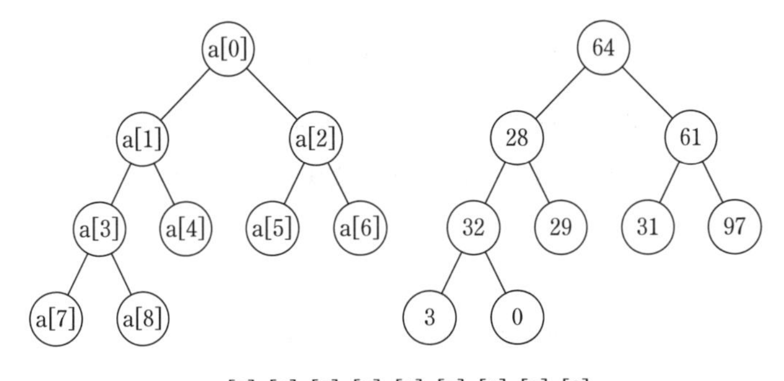

	[0]	[1]	[2]	[3]	[4]	[5]	[6]	[7]	[8]
a	64	28	61	32	29	31	97	3	0

図7.5　配列と2分木との対応

2分木のルートから順に木の下流に向けて配列に格納していく。このようにすると，2分木の親子関係は，配列のインデックス k を用いて簡単に表すことができる。

配列の要素 a[k] に対して，以下の関係がある。

・親　　：　a[(k − 1) /2]

・左の子：　a[2 × k + 1]

・右の子：　a[2 × k + 2]

さて，図7.5の2分木は，「親ノードの値 ≧ 子ノード値」の条件を満たしていないのでヒープではない。ヒープソートでは，まず，2分木をヒープ化する必要がある。図7.6に，ヒープ化した2分木を示す。

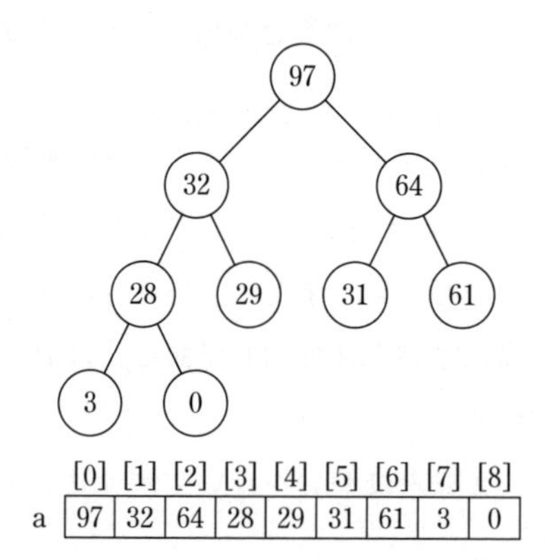

図7.6　ヒープ化された入力データ

図7.7にヒープソートのフローチャートを示す。図に示すように，ヒープソートのアルゴリズムは，以下の2段階で構成されている。

1　配列をヒープ化する。

2　ルートノード（最大値）を取り出し，ソート済みのリストに追加する。
　この処理をすべての要素を取り出すまで繰り返す。

ヒープソートは安定ではなく，時間計算量は O($n \log n$) である。

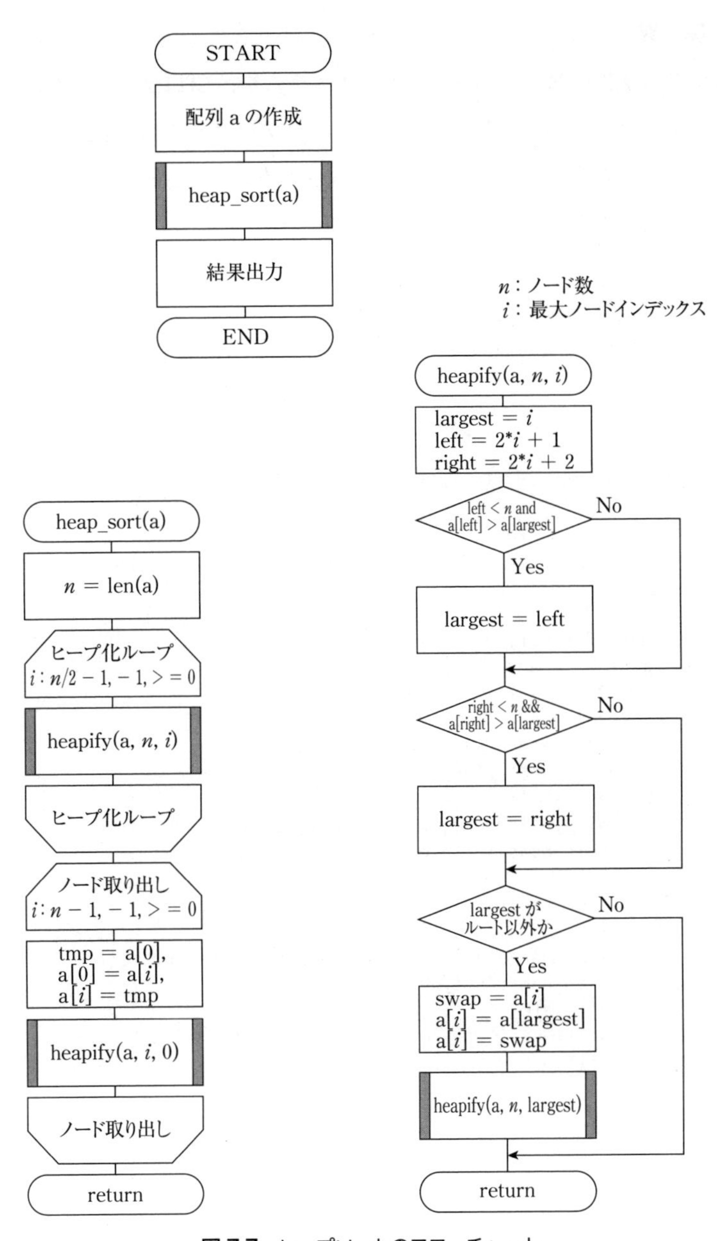

図 7.7 ヒープソートのフローチャート

(2) 実　装

プログラム7.3にヒープソートのプログラムを，プログラム7.4にそのテストプログラムと実行結果を示す。これらのプログラムは，図7.7のフローチャートに従ったものである。ヒープソートの本体は，heap_sort( ) メソッドとして記述してある。

プログラム7.3　ヒープソート（HeapSort.py）

```
1   # HeapSort.py    (7-3)
2
3   class HeapSort:
4       def __init__(self): pass
5
6       def print_data(self, a, i):
7           n = len(a)
8           print("i= %2d  : "%i, end="")
9           for i in range(n): print("%2d  " %a[i], end="")
10          print()
11
12      def heapify(self, a, n, i):
13          largest = i
14          l = 2 * i + 1     # left
15          r = 2 * i + 2     # right
16          if l < n and a[i] < a[l]: largest = l
17          if r < n and a[largest] < a[r]: largest = r
18          if largest != i:
19              a[i],a[largest] = a[largest],a[i]       # swap
20              self.heapify( a,n,largest )
21
22      def heap_sort(self, a):
23          n = len(a)
24          for i in range(n, -1, -1): self.heapify(a, n, i)
25          for i in range(n-1, 0, -1):
26              a[i],a[0] = a[0],a[i]   # swap
27              self.heapify(a, i, 0)
28              self.print_data(a, i)
```

プログラム 7.4 ヒープソートのテスト (heap_sort_app.py)

```
1  # heap_sort_app.py      (7-4)
2
3  import HeapSort
4
5  def main():
6      a = [ 64, 28, 61, 32, 29, 31, 97, 3, 0 ]; n = len(a)
7      print ("Before : ", end="")
8      for i in range(n): print ("%2d  " %a[i], end="")
9      print()
10
11     hs = HeapSort.HeapSort()
12     hs.heap_sort(a)
13
14     print ("After  : ", end="")
15     for i in range(n): print ("%2d  " %a[i], end="")
16
17 if __name__ == "__main__":
18     main()
```

実行結果

```
Before : 64  28  61  32  29  31  97   3   0
i= 8   : 64  32  61  28  29  31   0   3  97
i= 7   : 61  32  31  28  29   3   0  64  97
i= 6   : 32  29  31  28   0   3  61  64  97
i= 5   : 31  29   3  28   0  32  61  64  97
i= 4   : 29  28   3   0  31  32  61  64  97
i= 3   : 28   0   3  29  31  32  61  64  97
i= 2   :  3   0  28  29  31  32  61  64  97
i= 1   :  0   3  28  29  31  32  61  64  97
i= 0   :  0   3  28  29  31  32  61  64  97
After  :  0   3  28  29  31  32  61  64  97
```

このメソッドは，まず，入力データ（$n = 9$）をヒープ化するために，$i = n / 2 - 1 = 3$ から始めて，2，1 と変更しながら heapify(a, 9, i) メソッドを呼び出す。この結果，入力データは，図 7.6 のようにヒープ化される。

このデータを用いたヒープソートの処理過程を図 7.8 に示す。まず，最大値の要素がルートに格納されているので，それを配列の要素と交換する。つぎに，処理対象配列の要素数を 1 つ減じて（$n = 8$），再度 heapify(a, 8, 0) メソッドを呼び出す。この処理を繰り返すと，昇順にソートされた結果が得られる。

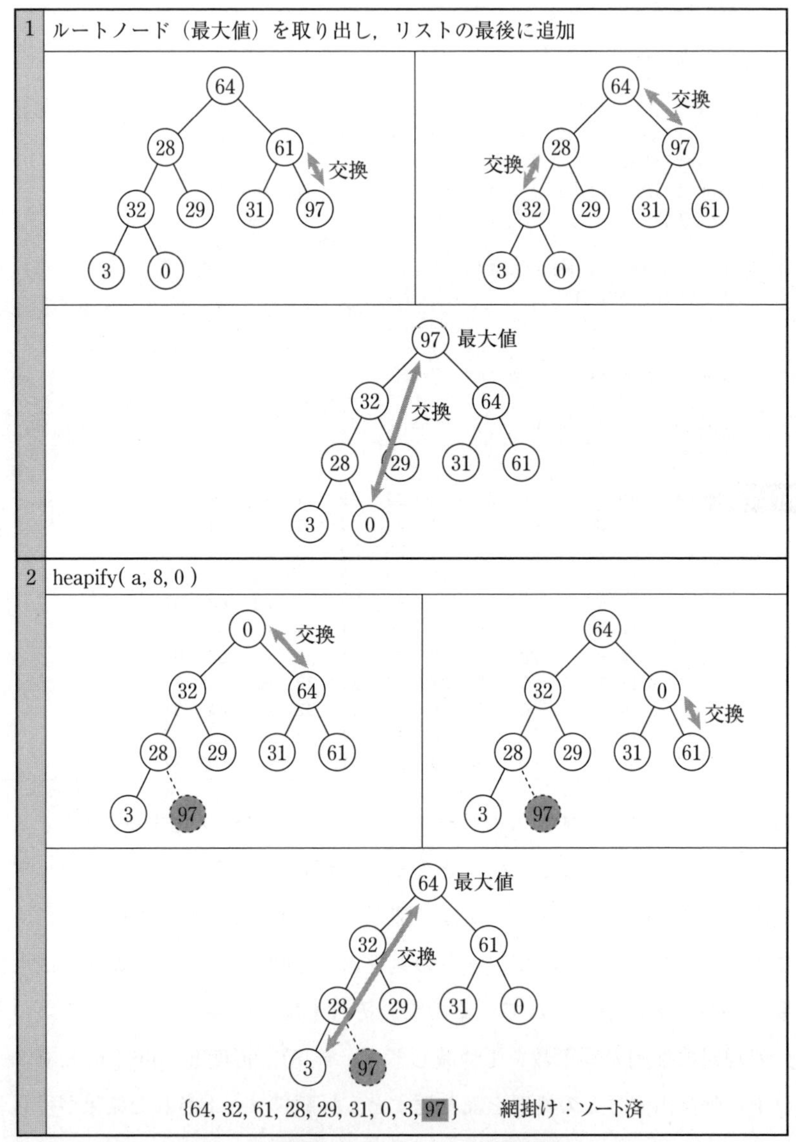

図 7.8　ヒープソートの処理過程

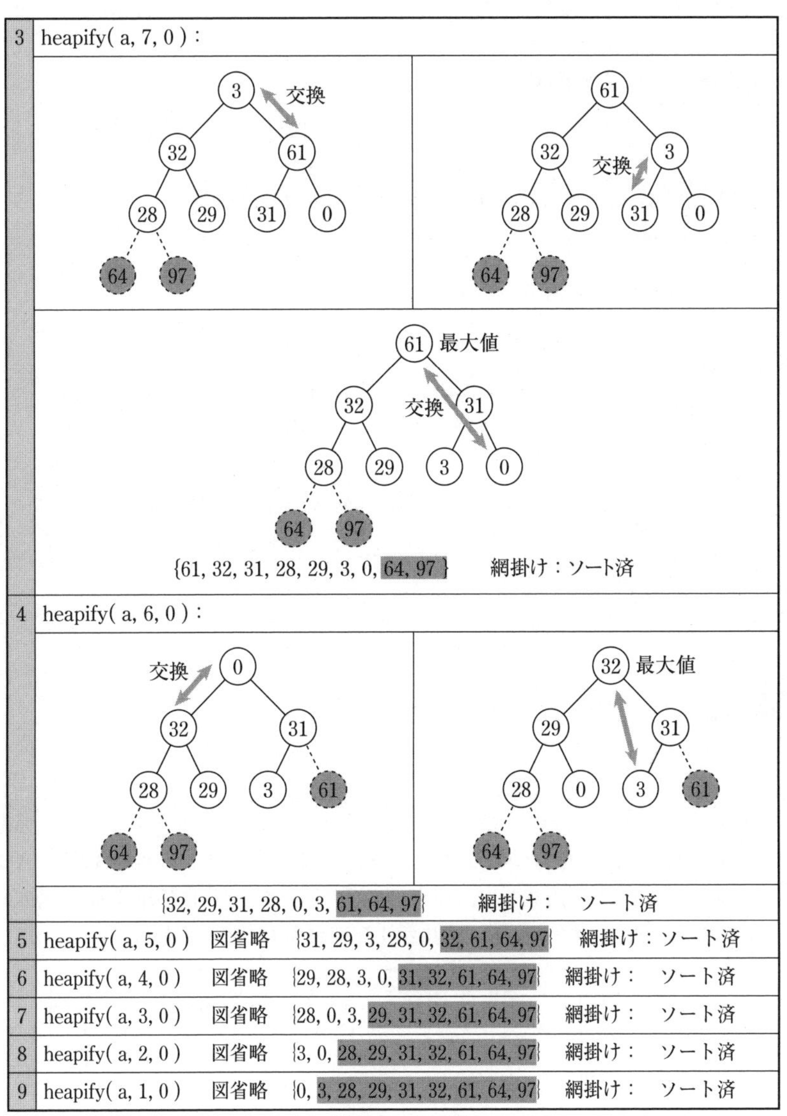
3
heapify(a, 7, 0)：
交換
3
32
61
28
29
31
0
64
97
61
交換
32
3
28
29
31
0
64
97
61 最大値
32
交換
31
28
29
3
0
64
97
{61, 32, 31, 28, 29, 3, 0, 64, 97}　網掛け：ソート済
4
heapify(a, 6, 0)：
交換
0
32
31
28
29
3
61
64
97
32 最大値
29
31
28
0
3
61
64
97
{32, 29, 31, 28, 0, 3, 61, 64, 97}　網掛け：ソート済
5　heapify(a, 5, 0)　図省略　{31, 29, 3, 28, 0, 32, 61, 64, 97}　網掛け：ソート済
6　heapify(a, 4, 0)　図省略　{29, 28, 3, 0, 31, 32, 61, 64, 97}　網掛け：ソート済
7　heapify(a, 3, 0)　図省略　{28, 0, 3, 29, 31, 32, 61, 64, 97}　網掛け：ソート済
8　heapify(a, 2, 0)　図省略　{3, 0, 28, 29, 31, 32, 61, 64, 97}　網掛け：ソート済
9　heapify(a, 1, 0)　図省略　{0, 3, 28, 29, 31, 32, 61, 64, 97}　網掛け：ソート済

図 7.8　(つづき)

7.4 関連プログラム

・再帰を用いた2分探索

2分探索は，プログラム7.5に示すように再帰を用いても実装できる。

プログラム7.5　再帰を用いた2分探索（binary_search_rec.py）

```
1  # binary_search_rec.py       (7-5)
2  
3  def binary_search(a, key, lo, hi):
4      mid = int((lo + hi) / 2)
5      if a[mid] == key: return  mid
6      if hi < lo:  return  -1
7      if a[mid] > key: return binary_search(a, key, lo, mid-1)
8      else:  return binary_search(a, key, mid+1, hi)
9  
10 def main():
11     a = [ 0, 3, 28, 29, 31, 32, 61, 64, 97 ]; n = len(a)
12     key = 64
13     res = binary_search(a, key, 0, n-1)
14     print("key = ",key,"   index = ",res)
15 
16 if __name__ == "__main__":
17     main()
```

実行結果

```
key = 64   index = 7
```

演習問題

7-1 節点1，2，…，n をもつ木を表現するために，大きさ n の整数型配列 A[1]，A[2]，…，A[n] を用意して，節点 i の親の節点を A[i] に格納する。節点 k が根の場合は A[k] = 0 とする。表に示す配列が表す木の葉の数は，いくつか。

i	1	2	3	4	5	6	7	8
A[i]	0	1	1	3	3	5	5	5

ア　1　　イ　3　　ウ　5　　エ　7

7-2 データ構造の1つである木構造に関する記述として適切なものはどれか。

ア　階層の上位から下位に節点をたどることによって，データを取り出すことができる構造である。

イ　格納した順序でデータを取り出すことができる構造である。

ウ　格納した順序とは逆の順序でデータを取り出すことができる構造である。

エ　データ部と1つのポインタ部で構成されるセルをたどることによって，データを取り出すことができる構造である。

7-3 10個の節（ノード）からなるつぎの2分木の各節に，1から10までの値を一意に対応するように割り振ったとき，節 a, b の値の組合せはどれになるか。ここで，各節に割り振る値は，左の子およびその子孫に割り振る値より大きく，右の子およびその子孫に割り振る値より小さくする。

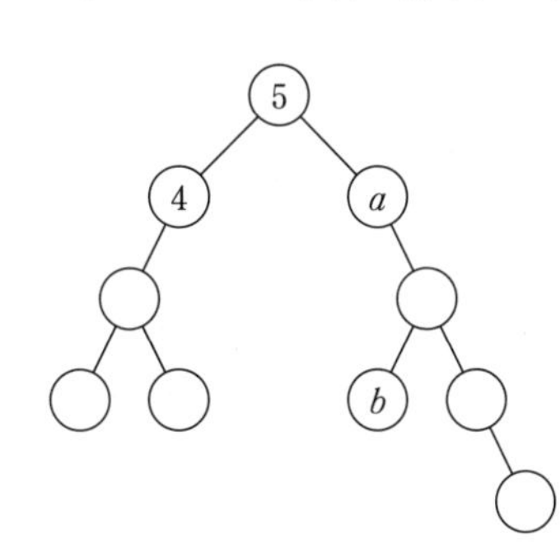

ア　$a = 6,\ b = 7$

イ　$a = 6,\ b = 8$

ウ　$a = 7,\ b = 8$

エ　$a = 7,\ b = 9$

7-4 2分木の走査の方法には，その順序によってつぎの3つがある。

(1) 前順：節点，左部分木，右部分木の順に走査する。

(2) 間順：左部分木，節点，右部分木の順に走査する。

(3) 後順：左部分木，右部分木，節点の順に走査する。

図に示す2分木に対して前順に走査を行い，節の値を出力した結果はどれか。

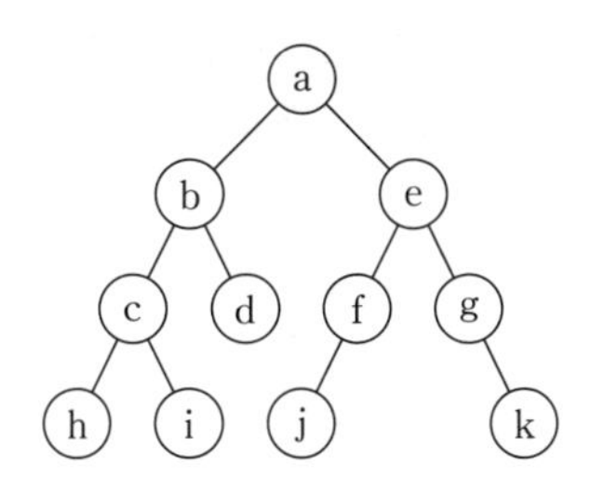

ア　abchidefjgk

イ　abechidfjgk

ウ　hcibdajfegk

エ　hicdbjfkgea

7-5 つぎの2分探索木から要素12を削除したとき，その位置に別の要素を移動するだけで2分探索木を再構成するには，削除された要素の位置にどの要素を移動すればよいか。

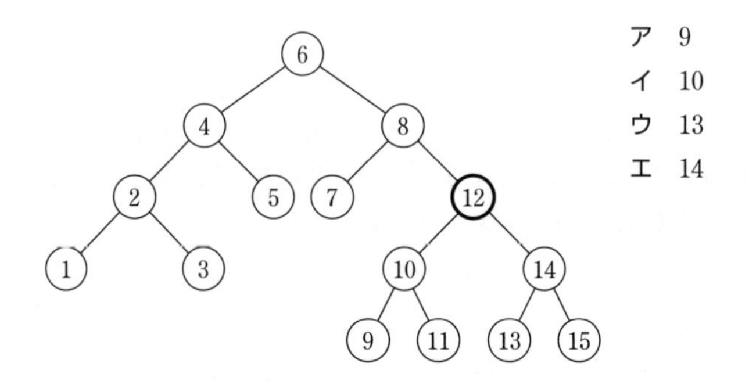

ア 9
イ 10
ウ 13
エ 14

7-6 2分木の各ノードがもつ記号を出力する再帰的なプログラム Proc(ノード n) は，つぎのように定義される。このプログラムを，図の2分木の根（最上位ノード）に適用したときの出力はどれか。

```
Proc( ノード n){
    nに左の子lがあれば Proc( l ) を呼び出す
    nに右の子rがあれば Proc( r ) を呼び出す
    nに書かれた記号を出力する
}
```

ア $+ a^* - bcd$　　イ $a + b - c^*d$
ウ $abc - d^* +$　　エ $b - c^*d + a$

7-7 すべての葉が同じ深さをもち，葉以外のすべての節点が2つの子をもつ2分木に関して，節点数と深さの関係を表す式はどれか。ここで，n は節点数，k は根から葉までの深さを表す。例に示す2分木の深さ k は2である。

ア $n = k(k + 1) + 1$
イ $n = 2^k + 3$
ウ $n = 2^{k+1} - 1$
エ $n = (k - 1)(k + 1) + 4$

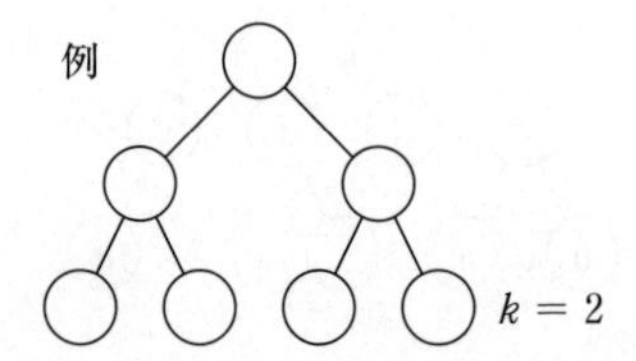

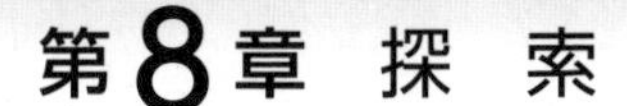

第8章 探索

これまで，配列，連結リスト，スタックおよびキューのデータ構造を説明してきた。ここからは，このようなデータ構造を用いた重要なアプリケーションについて述べていく。本書で取り扱うアプリケーションは，データの**探索**（search）と**ソーティング**（sorting）である。

本章では，探索について説明し，それらの実装方法について説明する。実装においては，理解が容易になるように取り扱うデータは，主として int 型に限定して説明する。以下の説明では，各探索の入力データとして**図 8.1** に示す 9 つの int 型のデータが格納されている配列を使用する。

	[0]	[1]	[2]	[3]	[4]	[5]	[6]	[7]	[8]
a	64	28	61	32	29	31	97	3	0

図 8.1　配列（入力データ）

8.1　線形探索

(1) アルゴリズム

探索の中で最も簡単なアルゴリズムは，**線形探索**（liner search）である。この方法は，配列やリスト内のデータの探索の際に，先頭から順にキーと比較を行い，それが見つかれば終了するものである。

アルゴリズムの性能を評価する指標の１つとして，**O 記法**（big O: ビックオー）がある。この指標は，そのアルゴリズムをコンピュータで実行するために要する時間のことであり，**時間計算量**（time complexity）と呼ばれている。線形探索の計算量は，対象とするデータ数を n とすると $O(n)$ である。また，もう１つの指標である**空間計算量**（space complexity）は，どのくらい記憶域やファイル域が必要であるかを示すものである。図 8.2 に線形探索のフロー

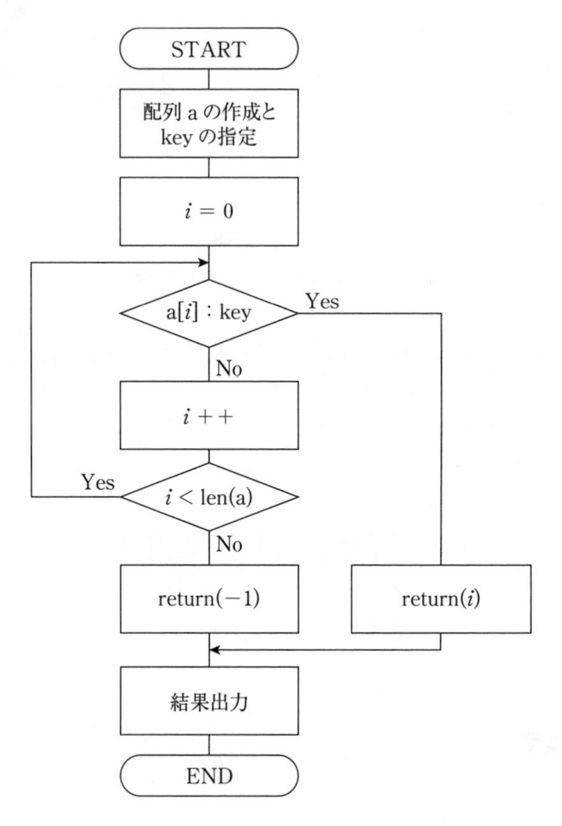

図 8.2　線形探索

チャートを示す。

(2) 実　装

図 8.1 のデータを入力する。プログラムと実行結果をプログラム 8.1 に示す。このプログラムは，図 8.2 のフローチャートに従ったものである。線形探索の本体は，linear_search( ) 関数として記述してある。この関数は，探索成功時にそのインデックスを，失敗時に（−1）を返す。本例では，探索 key = 61 の要素が，配列 a のインデックス 2 で見つかったことを示している。

プログラム 8.1　線形探索（linear_search_app.py）

```
1  # linear_search_app.py   (8-1)
2
3  def linear_earch(a, key):
4      i = 0
5      while i < len(a):
6          if a[i] == key: return i
7          i += 1
8      return -1
9
10 def main():
11     a = [ 64, 28, 61, 32, 29, 31, 97, 3, 0]
12     key = 61
13     res = linear_earch(a, key)
14     print("index = ",res )
15
16 if __name__ == "__main__":
17     main()
```

実行結果

```
index = 2
```

8.2 番兵を用いた線形探索

(1) アルゴリズム

前述の線形探索のフローチャート（図 8.2）を見ると，ループの中に if 文が 2 つ含まれていることがわかる。すなわち，①探索キー（key）と要素（a[i]）が一致するか，②探索の終わりに到達したか，の 2 つが存在している。線形探索に**番兵**（sentinel）を用いることによって，ループの中の 2 つの if 文を 1 つにすることができる。これにより前述のプログラムは，高速に動作するプログラムに改造することができる。**図 8.3** は番兵を用いた線形探索のフローチャートである。図に示すように，配列の最後に探索 key の要素を追加することにより，必ず if 文での比較が成功するようになっていることに注意する。

この最後に追加した要素を番兵と呼ぶ。このようにすることによって，前述の②の比較（探索の終わりに到達したか）をループから排除している。そして，ループ脱出後のインデックスの値により，探索が成功したのか，失敗したのかを判定している。インデックスが番兵の位置であれば，探索成功，そうで

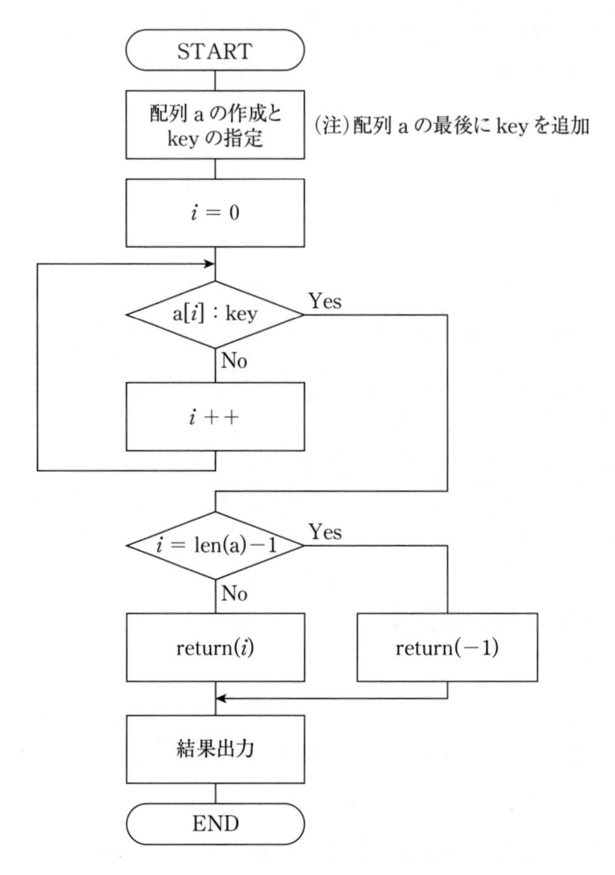

図 8.3　番兵を用いた線形探索

なければ探索失敗である。

(2) 実　装

図 8.4 は，配列 a の最後に番兵が追加されている様子を示しており，このデータを入力する。プログラムと実行結果を**プログラム 8.2** に示す。このプロ

	[0]	[1]	[2]	[3]	[4]	[5]	[6]	[7]	[8]	[9]
a	64	28	61	32	29	31	97	3	0	61

図 8.4　配列（入力データ；a=[9] に番兵を追加）

グラムは，図8.3のフローチャートに従ったものである。番兵を用いた線形探索の本体は，linear_search_sentinel( )関数として記述してある。この関数は，探索成功時にそのインデックスを，失敗時に（−1）を返す。本例では，探索key ＝ 61の要素が，配列aのインデックス2で見つかり，探索key ＝ 100の要素は見つからなかったことを示している。

プログラム8.2　番兵を用いた線形探索（linear_search2.py）

```
1  # linear_search2.py        (8-2)
2  
3  def linear_search_sentinel(a, key):
4      i = 0
5      while  a[i]  !=  key:  i += 1
6      if i == len(a)-1: return  -1
7      else:  return i
8  
9  def main():
10     a = [ 64, 28, 61, 32, 29, 31, 97, 3, 0, -1]
11     key = 61
12     a[len(a) - 1] = key
13     res = linear_search_sentinel(a, key)
14     print("key = ",key,"  index = ",res)
15 
16     key = 100
17     a[len(a) - 1] = key
18     res = linear_search_sentinel(a, key)
19     print("key = ",key,"  index = ",res)
20 
21 if __name__ == "__main__":
22     main()
```

実行結果

```
key = 61   index = 2
key = 100  index = -1
```

8.3　2分探索

(1) アルゴリズム

探索する配列の要素があらかじめソーティングされている場合には，効率の良いアルゴリズムとして，**2分探索**（binary search）が知られている。このアルゴリズムは，配列の半分の位置（mid）の要素a[mid]と探索キー（key）を比較し，もし一致しなければ，順次探索空間を半分に削減していく方法である。すなわち，mid より key が大きい場合は，key 以降の部分のみ探索すればよいことがわかる。逆の場合は，key 以前の部分のみ探索すればよい。このような手続きを key と一致する要素が発見されるまで繰り返す。探索する配列の要素が 1 となっても，key と一致する要素がない場合は，探索失敗である。

このように探索空間を 1/2 ずつ削減しながら探索をする方法が 2 分探索であ

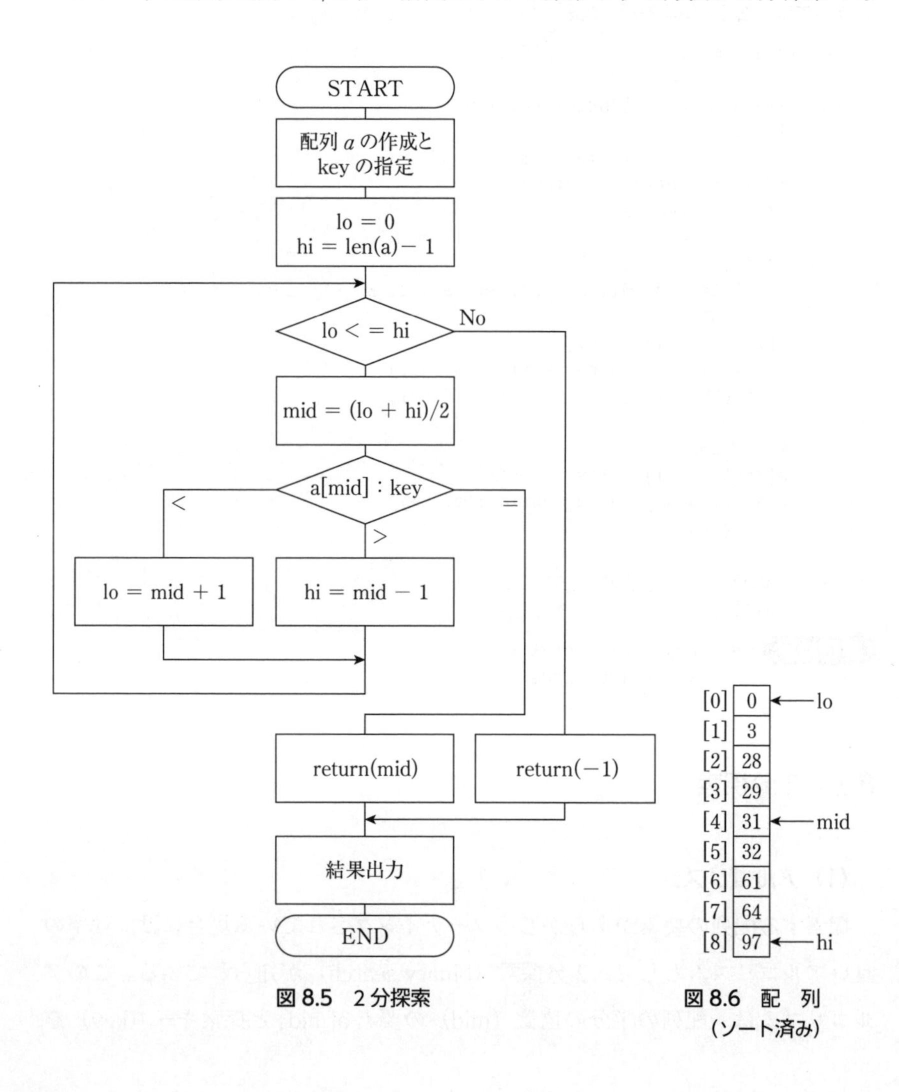

図 8.5　2 分探索

図 8.6　配　列
(ソート済み)

り，時間計算量は $O(\log_2 n)$ である。例えば，$n = 1024 = 2^{10}$ では，線形探索では平均 $n/2 = 1024 / 2 = 512$ 回の比較が必要であるが，2分探索の場合は $\log_2 2^{10} = 10$ 回の比較となり，効率的なアルゴリズムであることがわかる。また，最大比較回数は（$\log_2 n + 1$）である。図 8.5 にそのフローチャートを示す。

(2) 実　装

図 8.6 は，配列 a に 9 つの int 型のソートされたデータが格納されている様子を示しており，このデータを入力するプログラムと実行結果をプログラム 8.3 に示す。

プログラム 8.3　2分探索（binary_search_app.py）

```
1  # binary_search_app.py      (8-3)
2  
3  def binary_search(a, key):
4      lo = 0; hi = len(a)-1
5      while lo <= hi:
6          mid = int((lo + hi)/2)
7          if a[mid] == key: return mid
8          if a[mid] > key : hi = mid  - 1
9          else: lo = mid + 1
10     return -1
11 
12 def main():
13     a = [ 0, 3, 28, 29, 31, 32, 61, 64, 97 ]
14     key = 64
15     res = binary_search(a, key)
16     print("key = ",key,"   index = ",res)
17 
18 if __name__ == "__main__":
19     main()
```

実行結果

```
key = 64   index = 7
```

このプログラムは，図 8.5 のフローチャートに従ったものである。2分探索の本体は，binary_search( ) 関数として記述してある。この関数は，探索成功時にそのインデックスを，失敗時に（−1）を返す。本例では，探索 key = 64 の要素が，配列 a のインデックス 7 で見つかったことを示している。

8.4 ハッシュ法

(1) ハッシュ法とは

ハッシュ法（hash method）は，データ探索を効率よく処理するためのアルゴリズムである。データがソート済であれば，2分探索により $O(\log n)$ で探索keyの要素を見つけることが可能である。しかし，データの格納位置を計算で決定し，その位置に格納しておけば，データの探索は $O(1)$ で可能となる。ハッシュ法とは，キー値を**ハッシュ関数**（hash function）により計算した**ハッシュ値**（hash value）を用いて，データの追加，削除，探索を効率よく処理する技法である。ハッシュ値を求めることは，**ハッシング**（hashing）ともいわれる。また，**ハッシュテーブル**（hash table）は，キー値とハッシュ値を表にしたものである。

(2) ハッシュ関数

ハッシュ関数は，図8.7に示すように，キー値 x が入力されると，ハッシュ関数 $h(x)$ を用いて計算され，ハッシュ値が得られる。ハッシュ関数は任意であるが，以下の説明では「キーの値を13で割った余り」とする。すなわち，$h(x) = x \%13$ である。

図8.1の配列（入力データ）を用いてハッシュテーブルを作成すると，図8.8のようになる。

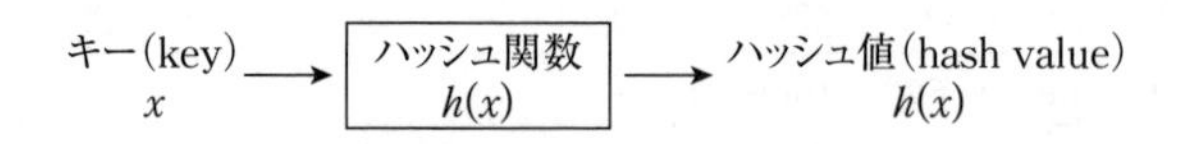

図8.7　ハッシング

x	64	28	61	32	29	31	97	3	0
$h(x)$	12	2	9	6	3	5	6	3	0

図8.8　ハッシュテーブル（$h(x) = x \%13$）

(3) 衝突の回避方法

入力データの配列は，a ＝ {64, 28, 61, 32, 29, 31, 97, 3, 0} であるので，ハッシュ関数 h(a[i]) ＝ a[i] %13 (i ＝ 0, 1, …,8) を適用すると，ハッシュ値 {12, 2, 9, 6, 3, 5, 6, 3, 0} が得られる。ここで，a[4] ＝ 29 と a[7] ＝ 3 のハッシュ値は，いずれも 3 が得られる。同様に，a[3] ＝ 32 と a[6] ＝ 97 のハッシュ値は，いずれも 6 が得られる。このように，ハッシュ値が重複することを**衝突**（collision）という。衝突が発生した場合の対処法として，以下の 2 つの方法がある。

・チェイン法：同一のハッシュ値をもつ要素を線形リストで管理する。

・オープンアドレス法：再ハッシュ関数により空きが見つかるまで繰り返す。

(4) チェイン法による衝突回避

チェイン法（chaining）による衝突回避の例を図 8.9 に示す。チェイン法は，同一のハッシュ値をもつ要素を線形リストに追加する方法である。要素の削除も線形リストの削除で実現可能である。

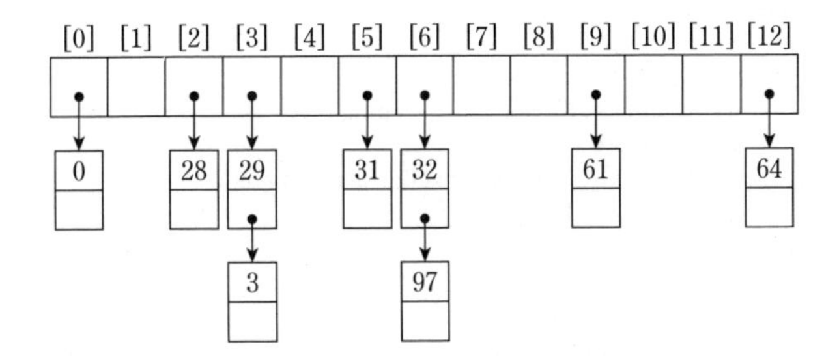

図 8.9 ハッシングで用いられるデータ構造（チェイン法）

(5) チェイン法の実装

図 8.1 の入力データをもとに，チェイン法によるデータの挿入と探索プログラムを作成する。プログラムは，プログラム 1.2 に示した Student クラスを用いて，**プログラム 8.4** にチェイン法によるハッシュクラスを，**プログラム 8.5** にそのテスト用クラスとその実行結果を示す。

プログラム 8.4 チェイン法によるハッシュ（HashChain.py）

```
1   # HashChain.py      (8-4)
2
3   class Node:
4       def __init__(self, key, data, next):
5           self.key = key; self.data = data; self.next = next
6       def getKey(self): return self.key
7       def getValue(self): return self.data
8
9   class HashChain:
10      def __init__(self, size):
11          self.size = size
12          self.table = [ Node(None,None,None) for i in range(size)]
13
14      def hashValue(self, key): return key%self.size
15
16      def search(self, key):
17          hash = self.hashValue( key )
18          p = self.table[hash]
19          while p is not None:
20              if p.getKey() == key: return p.getValue()
21              p = p.next
22          return None
23
24      def add(self, key, data):
25          hash = self.hashValue(key)
26          p = self.table[hash]
27          while p.key is not None:
28              if p.getKey() == key:  return 1
29              p = p.next
30          temp = Node(key, data, self.table[hash])
31          self.table[hash] = temp
32          return 0
33
34      def remove(self, key):
35          hash = self.hashValue(key)
36          p = self.table[hash]
37          while p is not None:
38              pp = None
39              if p.getKey() == key:
40                  if pp == None: self.table[hash] = p.next
41                  else: pp.next = p.next
42                  return 0
43              pp = p
44              p = p.next
45          return -1
46
47      def dump(self):
```

```
48          for i in range(0, self.size):
49              p = self.table[i]
50              print("{:02d} ".format(i), end="")
51              while p is not None:
52                  k = p.getKey()
53                  s = p.getValue()
54                  if s is not None:
55                      print(" -> ",end="")
56                      no = s.no
57                      name = s.name
58                      age = s.age
59                      print(k," ( ",no," ",name," ",age," )",end="")
60                  p = p.next
61              print()
```

プログラム 8.5 チェイン法によるハッシュのテスト（hash_chain_app.py）

```
1  # hash_chain_app.py     (8-5)
2
3  from Student import Student
4  import HashChain
5
6  def main():
7      s = []
8      s.append(Student(1,"T",64)); s.append(Student(2,"C",28));
9      s.append(Student(3,"N",61)); s.append(Student(4,"Y",32));
10     s.append(Student(5,"K",29)); s.append(Student(6,"N",31));
11     s.append(Student(7,"M",97)); s.append(Student(8,"Y", 3));
12     s.append(Student(9,"Y", 0))
13
14     hc = HashChain.HashChain(13)
15     hc.add(64, s[0]), hc.add(28, s[1]), hc.add(61, s[2])
16     hc.add(29, s[3]), hc.add(32, s[4]), hc.add(31, s[5])
17     hc.add(97, s[6]), hc.add( 3, s[7]), hc.add( 0, s[8])
18     hc.dump()
19
20     result =  hc.search(32)
21     if result is not None:
22         no, name, age = result.no, result.name, result.age
23         print("search(32) = "+ str(no)+" "+str(name)+" "+str(age) )
24     else: print("search(32) is not found." )
25
26
27 if __name__ == "__main__":
28     main()
```

実行結果

```
00  → 0 ( 9 Y 0 )
01
02  → 28 ( 2 C 28 )
03  → 3 ( 8 Y 3 )  → 29 ( 4 Y 32 )
04
05  → 31 ( 6 N 31 )
06  → 97 ( 7 M 97 )  → 32 ( 5 K 29 )
07
08
09  → 61 ( 3 N 61 )
10
11
12  → 64 ( 1 T 64 )
search(32) =  5 K 29
```

(6) オープンアドレス法による衝突回避

オープンアドレス法（open addressing）による衝突回避の例を図8.10に示す。オープンアドレス法は，同一のハッシュ値をもつ要素を再ハッシュ関数で空きが見つかるまで繰り返す方法である。再ハッシュ関数は任意である。ここでは，「キー値に1を加えて13で割った余り」とする。そうすると，a[7] = 3に対する再ハッシュ値は，(3+1)%13 = 4%13 = 4が求められる。同様に，a[6] = 97は，(97+1)%13 = 7が得られる。インデックス4, 7は“空”であるので，格納することができる（網掛け部分）。

[0]	[1]	[2]	[3]	[4]	[5]	[6]	[7]	[8]	[9]	[10]	[11]	[12]
0		28	29	3	31	32	97		61			64

再ハッシュ関数 $h(\text{key} + 1)$

図8.10 ハッシングで用いられるデータ構造（オープンアドレス法）

つぎに，図8.10のリストに84の要素を追加することを考える。84%13 = 6であるが，すでに値が格納されている。したがって，再ハッシュを実施すると，(84+1)%13 = 7が得られるが，ここにも値が格納されているので，さらに再ハッシュを実施する。そうすると，(84+1+1)%13 = 8が得られ，今度は“空”であるので追加が可能である。その状況を図8.11に示す。図の矢印は再ハッシュの様子を示している。

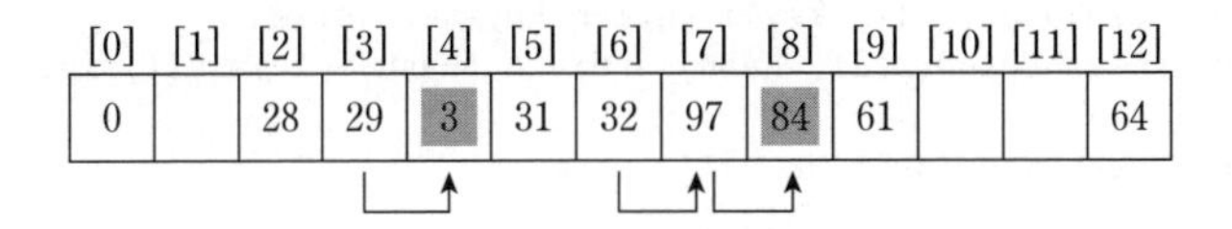

図 8.11　ハッシングで用いられるデータ構造

ここで，図 8.11 から 32 の要素を削除することを考える。ハッシュ値 6 には，要素 32 と再ハッシュによる要素 84 が保存されているので，要素 32 を削除すると，要素 84 へのアクセスが不可能になる。したがって，要素 32 を削除した場合には，“空（EMPTY）” とするのでなく，“削除済（DELETED）” の状態としておく。このようにすることによって，要素 84 へのアクセスが可能となる。

(7) オープンアドレス法の実装

図 8.1 の入力データをもとに，オープンアドレス法によるデータの挿入と検索プログラムを作成する。プログラムは，プログラム 1.2 に示した Student クラスを用いて，**プログラム 8.6** にオープンアドレス法によるハッシュクラスを，**プログラム 8.7** にそのテスト用クラスと実行結果を示す。

プログラム 8.6　オープンアドレス法によるハッシュ（HashOpen.py）

```
1  # HashOpen.py     (8-6)
2  
3  from enum import Enum
4  STATUS = Enum( "STATUS",["OCCUPIED", "EMPTY", "DELETED"] )
5  
6  class Bucket:
7      def __init__(self, key, data, status):
8          self.key = key; self.data = data; self.status = STATUS.EMPTY
9  
10     def set(self, key, data, status):
11         self.key = key; self.data = data; self.status = status
12 
13     def setStat(self, status): self.status = status
14     def getKey(self): return self.key
15     def getValue(self): return self.data
16 
17 class HashOpen:
18     def __init__(self, size):
19         self.size = size
20         self.table = [ Bucket(None,None,None) for i in range(size)]
21 
```

```
22      def hashValue(self, key): return key%self.size
23      def rehashValue(self, hash): return (hash + 1 )%self.size
24  
25      def searchNode(self, key):
26          hash = self.hashValue(key)
27          p = self.table[hash]
28          for i in range(0,self.size):
29              if p.status != STATUS.EMPTY:
30                  if p.status==STATUS.OCCUPIED and p.getKey()== key: return p
31                  hash = self.rehashValue(hash)
32                  p = self.table[hash]
33          return None
34  
35      def search(self, key):
36          p = self.searchNode(key)
37          if p is not None: return p.getValue()
38          else: return None
39  
40      def add(self, key, data):
41          if self.search(key) is not None: return 1
42          hash = self.hashValue(key)
43          p = self.table[hash]
44          for i in range(0,self.size):
45              if p.status==STATUS.EMPTY or p.status==STATUS.DELETED:
46                  p.set(key, data, STATUS.OCCUPIED)
47                  return 0
48              hash = self.rehashValue(hash)
49              p = self.table[hash]
50          return -2;     # hash full
51  
52      def remove(self, key):
53           p = self.searchNode(key)
54           if p is None: return -1    # not registered
55           p.setStat(STATUS.DELETED)
56           return 0
57  
58      def dump(self):
59          for i in range(0,self.size):
60              print("{:02d}  ".format(i), end ="")
61              p = self.table[i]
62              k = p.getKey()
63              s = p.getValue()
64              status = p.status
65              if status == STATUS.OCCUPIED:
66                  no, name, age =  s.no, s.name, s.age
67                  print(k," ( ",no," ",name," ",age," ) -- OCCUPIED --")
68              elif status == STATUS.EMPTY: print("-- EMPTY --");
69              elif status == STATUS.DELETED: print("-- DELETED --")
```

プログラム 8.7 オープンアドレス法によるハッシュのテスト (hash_open_app.py)

```
1  # hash_open_app.py      (8-7)
2
3  from Student import Student
4  from HashOpen import HashOpen
5
6  def main():
7      s = []
8      s.append(Student(1,"T",64)); s.append(Student(2,"C",28));
9      s.append(Student(3,"N",61)); s.append(Student(4,"Y",32));
10     s.append(Student(5,"K",29)); s.append(Student(6,"N",31));
11     s.append(Student(7,"M",97)); s.append(Student(8,"Y", 3));
12     s.append(Student(9,"Y", 0)); s.append(Student(10,"A",84))
13
14     h = HashOpen(13)
15     h.add(64, s[0]), h.add(28, s[1]), h.add(61, s[2])
16     h.add(29, s[3]), h.add(32, s[4]), h.add(31, s[5])
17     h.add(97, s[6]), h.add( 3, s[7]), h.add( 0, s[8])
18     h.dump()
19
20     result =  h.search(32)
21     if result is not None:
22         no, name, age = result.no, result.name, result.age
23         print("search(32) = ",no," ",name," ",age )
24     else: print("search(32) is not found." )
25
26     h.add( 84, s[9] );print("add(84,s[9]")
27     h.remove(32);print("remove(32)")
28     h.dump()
29     result =  h.search(84)
30     if result is not None:
31         no, name, age = result.no, result.name, result.age
32         print("search(84) = ",no," ",name," ",age )
33     else: print("search(84) is not found." )
34
35 if __name__ == "__main__":
36     main()
```

実行結果

```
00  0 ( 9 Y 0 ) -- OCCUPIED --
01  -- EMPTY --
02  28 ( 2 C 28 ) -- OCCUPIED --
03  29 ( 4 Y 32 ) -- OCCUPIED --
04  3 ( 8 Y 3 ) -- OCCUPIED --
05  31 ( 6 N 31 ) -- OCCUPIED --
06  32 ( 5 K 29 ) -- OCCUPIED --
07  97 ( 7 M 97 ) -- OCCUPIED --
08  -- EMPTY --
09  61 ( 3 N 61 ) -- OCCUPIED --
```

```
10  -- EMPTY --
11  -- EMPTY --
12  64 ( 1 T 64 ) -- OCCUPIED --
search(32) =  5 K 29
add(84, s[9])
remove(32)
00  0 ( 9 Y 0 ) -- OCCUPIED --
01  -- EMPTY --
02  28 ( 2 C 28 ) -- OCCUPIED --
03  29 ( 4 Y 32 ) -- OCCUPIED --
04  3 ( 8 Y 3 ) -- OCCUPIED --
05  31 ( 6 N 31 ) -- OCCUPIED --
06  -- DELETED --
07  97 ( 7 M 97 ) -- OCCUPIED --
08  84 ( 10 A 84 ) -- OCCUPIED --
09  61 ( 3 N 61 ) -- OCCUPIED --
10  -- EMPTY --
11  -- EMPTY --
12  64 ( 1 T 64 ) -- OCCUPIED --
search(84) = 10 A 84
```

8.5 関連プログラム

・ジャンプ探索

ジャンプ探索（jump search）は，ソートされた配列の探索アルゴリズムである。基本的な考え方は，すべての要素を検索する代わりにいくつかの要素をスキップすることによって，線形探索よりも少ない要素をチェックすることである。

例えば，サイズ n の配列 a[ ] があり，ブロック化されるサイズを m とすると，インデックス a[0]，a[m]，a[$2 \cdot m$]，…，a[$k \cdot m$] などを探索する。探索要素を x とする場合，区間（a[$k \cdot m$] $< x <$ a[（$k \cdot m + m$）] を見つけたら，インデックス $k \cdot m$ から線形検索を実行して要素 x を見つける。ここで，最適な m を求める必要があるが，最悪の場合，n/m ジャンプしなければならない。最後にチェックした値が，探索対象の要素よりも大きい場合は，さらに $(m - 1)$ 回の比較を実行する。したがって，最悪の場合の比較回数は $(n/m + m - 1)$ である。この比較回数を m の関数と考えれば，$f(m) = n/m + m - 1$ であるので，その導関数 $f'(m) = -n \cdot m^{-2} + 1 = 0$ として最小値を求める

と，$m=\sqrt{n}$となり，これが最適なステップサイズである。**プログラム 8.8** にジャンプ探索のテストプログラムと実行結果を示す。

プログラム 8.8　ジャンプ探索（jump_search.py）

```
1  # jump_search.py     (8-8)
2
3  import math
4
5  def jump_search(a, key):
6      n = len(a)
7      step = math.floor(math.sqrt(n))     # block size
8      prev = 0;
9      while a[min(step, n)-1] < key:
10         prev = step
11         step += math.floor(math.sqrt(n))
12         if prev >= n: return -1;
13     while a[prev] < key:
14         prev += 1
15         if prev == min(step, n): return -1
16     if a[prev] == key: return prev
17     return -1
18
19 def print_data(a):
20     for i in range(0, len(a)): print("{:2d} ".format( a[i] ), end="")
21     print()
22
23 def main():
24         a = [ 0, 3, 28, 29, 32, 61, 64, 97 ]
25         key = 61
26         print_data(a)
27         index = jump_search(a, key)
28         print("key= ",key," is at index ",index)
29
30 if __name__ == "__main__":
31     main()
```

実行結果

```
 0  3 28 29 32 61 64 97
key= 61 is at index 5
```

演習問題

8-1 探索方法とその実行時間のオーダの正しい組合せはどれか。ここで，探索するデータ数を n とし，ハッシュ値が衝突する（同じ値になる）確率は無視できるほど小さいものとする。また，実行時間のオーダが n^2 であるとは，n 個のデータを処理する時間が cn^2（c は定数）で抑えられることをいう。

	2分探索	線形探索	ハッシュ探索
ア	$\log_2 n$	n	1
イ	$n \log_2 n$	n	$\log_2 n$
ウ	$n \log_2 n$	n^2	1
エ	n^2	1	n

8-2 2分探索において，整列されているデータ数が4倍になると，最大探索回数はどうなるか。

ア 1回増える。 イ 2回増える。 ウ 約2倍になる。 エ 約4倍になる。

8-3 2分探索法に関するつぎの記述のうちで，適切なものはどれか。

ア データが昇順に並んでいるときだけ正しく探索できる。

イ データが昇順または降順に並んでいるときだけ正しく探索できる。

ウ データが昇順または降順に並んでいるほうが効率よく探索できる。

エ データの個数が偶数のときだけ正しく探索できる。

8-4 顧客番号をキーとして顧客データを検索する場合，2分探索を使用するのが適しているものはどれか。

ア 顧客番号から求めたハッシュ値が指し示す位置に配置されているデータ構造

イ 顧客番号に関係なく，ランダムに配置されているデータ構造

ウ 顧客番号の昇順に配置されているデータ構造

エ 顧客番号をセルに格納し，セルのアドレス順に配置されているデータ構造

8-5 昇順に整列された n 個のデータが格納されている配列Aがある。流れ図は，2分探索法を用いて配列Aからデータ x を探し出す処理を表している。［ a ］，［ b ］に入る操作の正しい組合せはどれか。ここで，除算の結果は小数点以下

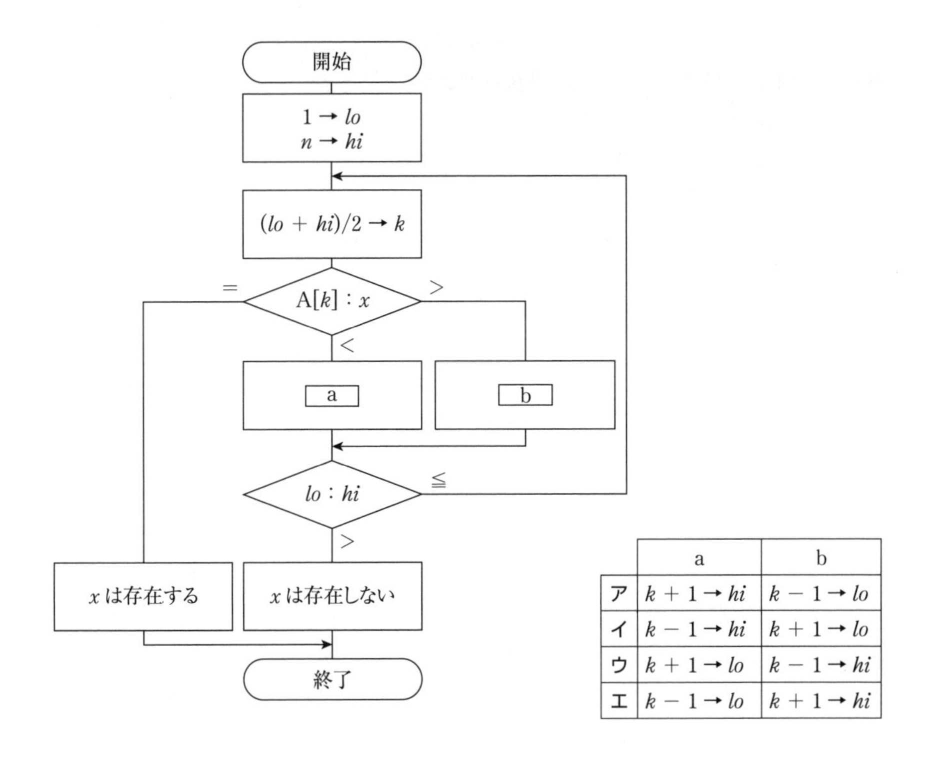

	a	b
ア	$k+1 \to hi$	$k-1 \to lo$
イ	$k-1 \to hi$	$k+1 \to lo$
ウ	$k+1 \to lo$	$k-1 \to hi$
エ	$k-1 \to lo$	$k+1 \to hi$

が切り捨てられる。

8-6 整列された n 個のデータの中から，求める要素を 2 分探索法で探索する。この処理の計算量のオーダを表す式はどれか。

ア $\log n$　　**イ** n　　**ウ** n^2　　**エ** $n \log n$

8-7 16 進数で表される 9 個のデータ 1A，35，3B，54，8E，A1，AF，B2，B3 を順にハッシュ表に入れる。ハッシュ値をハッシュ関数 f(データ)=mod(データ, 8) で求めたとき，最初に衝突が起こる（すでに表にあるデータと等しいハッシュ値になる）のはどのデータか。ここで，mod(a, b) は a を b で割った余りを表す。

ア 54　　**イ** A1　　**ウ** B2　　**エ** B3

8-8 表探索におけるハッシュ法の特徴はどれか。

ア 2分木を用いる方法の一種である。

イ 格納場所の衝突が発生しない方法である。

ウ キーの関数値によって格納場所を決める。

エ 探索に要する時間は表全体の大きさにほぼ比例する。

8-9 0000～4999のアドレスをもつハッシュ表があり，レコードのキー値からアドレスに変換するアルゴリズムとして基数変換法を用いる。キー値が55550のときのアドレスはどれか。ここで，基数変換法とは，キー値を11進数とみなし，10進数に変換した後，下4桁に対して0.5を乗じた結果（小数点以下は切捨て）をレコードのアドレスとする。

ア 0260　　イ 2525　　ウ 2775　　エ 4405

8-10 アルファベット3文字で構成されるキーがある。つぎの式によってハッシュ値 h を決めるとき，キー "SEP" と衝突するのはどれか。ここで，$a \bmod b$ は，a を b で割った余りを表す。

$h =$（キーの各アルファベットの順位の総和）mod 27

アルファベット	順位	アルファベット	順位	アルファベット	順位
A	1	J	10	S	19
B	2	K	11	T	20
C	3	L	12	U	21
D	4	M	13	V	22
E	5	N	14	W	23
F	6	O	15	X	24
G	7	P	16	Y	25
H	8	Q	17	Z	26
I	9	R	18		

ア APR　　イ FEB　　ウ JAN　　エ NOV

8-11 5けたの $\mathrm{a}_1\ \mathrm{a}_2\ \mathrm{a}_3\ \mathrm{a}_4\ \mathrm{a}_5$ をハッシュ法を用いて配列に格納したい。ハッシュ関数を $\mathrm{mod}(a_1 + a_2 + a_3 + a_4 + a_5,\ 13)$ とし，求めたハッシュ値に対応する位置の配列要素に格納する場合，54321 はつぎの配列のどの位置に入るか。ここで，$\mathrm{mod}(x,\ 13)$ の値は x を 13 で割った余りとする。

ア　1　　イ　2　　ウ　7　　エ　11

位置	配列
0	
1	
2	
⋮	⋮
11	
12	

8-12 キー値が 1 ～ 1000000 の範囲で一様にランダムであるレコード 3 件を，大きさ 10 のハッシュ表に登録する場合，衝突が起こらない確率はいくらか。ここで，ハッシュ値にはキー値をハッシュ表の大きさ 10 で割った余りを用いる。

ア　0.28　　イ　0.7　　ウ　0.72　　エ　0.8

第9章　ソート（その1）

データを特定の規則によって並べ替えることを**ソート**（sort）という。日本語訳は整列である。ソートには，値の小さいほうから大きいほうへ順に並べる**昇順**（ascending order），逆に，値の大きいほうから小さいほうへ順に並べる**降順**（descending order）がある。ソートは，さまざまなアプリケーションで使われるため，古くから多くのアルゴリズムが考案されてきた。その種類が多いため，本章と次章の2回に分けて説明する。

本章では，バブルソート，選択ソート，挿入ソートについて説明し，それらの実装方法について述べる。時間計算量は，いずれのソートも $O(n^2)$ と遅い。以下の説明では各ソートの入力データとして図9.1に示す5つのint型のデータが格納されている配列を使用する。

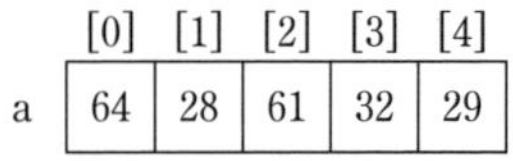

	[0]	[1]	[2]	[3]	[4]
a	64	28	61	32	29

図9.1　配列（入力データ）

9.1　ソートとは

まず，ソートについて下記のキーワードについて説明する。

(1) 安定性

ソートが**安定**（stable）であるとは，同一の値を有する要素の並びに対して，ソートの前後で不変であることを意味する。このようなソートを**安定ソート**（stable sort）と呼ぶ。例えば，学籍番号順に保存されている試験の点数を用いた成績処理において，AさんとBさんの点数が同一であったとする。このデータにおいて，点数の降順にソートする場合を考える。ソート後もAさんとBさんの学籍番号順が保存されている場合が安定なソートである。安定でないソートでは，この順序が入れ替わる可能性がある。

(2) 内部ソートと外部ソート

ソートされるデータの格納領域を変更して処理を進めていくソートを**内部ソート**（internal sort）と呼ぶ。一方，**外部ソート**（external sort）は，ソートの対象となるデータが大量であるために，外部の記憶領域を用いる方法である。

9.2 バブルソート

(1) アルゴリズム

隣り合う2つの要素の大小関係を調べて，必要に応じて交換を繰り返すのが**バブルソート**（bubble sort）である。バブルとは“泡”のことである。ソートの過程で小さな値のデータが，配列の末尾側から先頭側へ移動する様子が，泡が浮かんでくるように見えることからこの名前が付けられている。バブルソートは，安定な内部ソートであり，時間計算量は $O(n^2)$ である。

図9.2にフローチャートを示す。外側のループ変数 i は，ソート後の“確定要素のインデックス”である。すなわち，$i = 0$ には配列aの最小値の値が入り，$i = 1$ には2番目に小さい値が入る。内部ループのインデックス j は，“比較要素のインデックス”である。j は最終インデックス（$n - 1$）から，確定要素のつぎの要素のインデックスまで走査している。こうすることによって，値の小さい要素を配列の末尾から先頭に向けて移動させることができる。

(2) 実　装

このデータを用いたバブルソートの過程の説明図を図9.3に示す。図には，外側ループインデックス i, 内側ループインデックス j と配列aの内容を示している。網掛けの部分で隣りどうしの比較が行われている様子が示されている。

プログラム9.1にプログラムと実行結果を示す。このプログラムは，図9.2のフローチャートに従ったものである。線形探索の本体は，bubble_sort( )関数として記述してある。この関数は，ソートされた配列を作成する。本例では，配列aが昇順に並び替えられている。

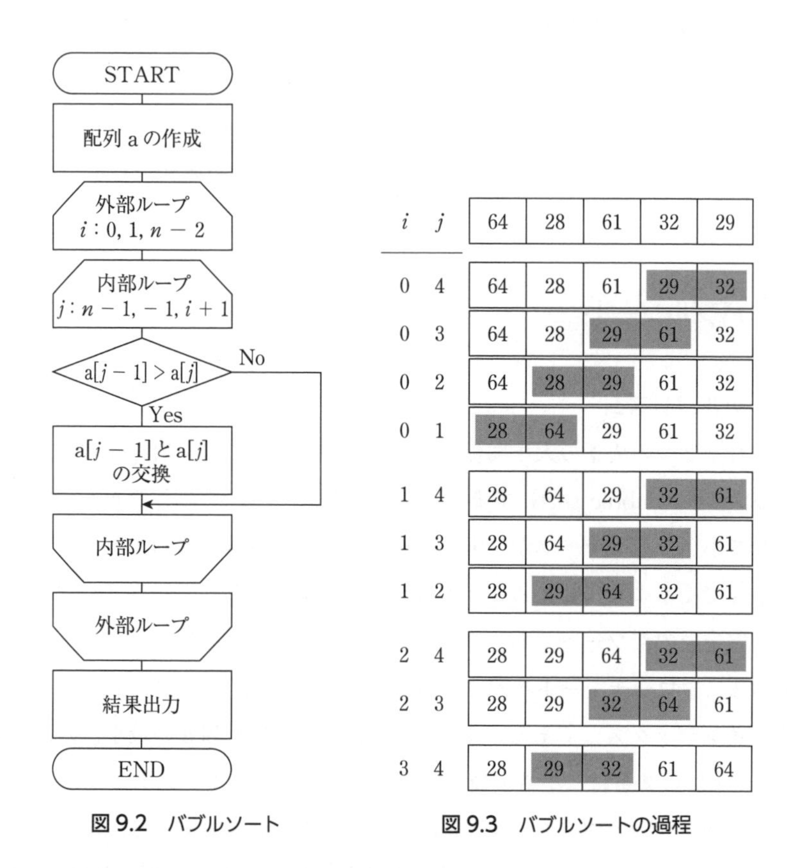

i	j					
		64	28	61	32	29
0	4	64	28	61	29	32
0	3	64	28	29	61	32
0	2	64	28	29	61	32
0	1	28	64	29	61	32
1	4	28	64	29	32	61
1	3	28	64	29	32	61
1	2	28	29	64	32	61
2	4	28	29	64	32	61
2	3	28	29	32	64	61
3	4	28	29	32	61	64

図 9.2　バブルソート

図 9.3　バブルソートの過程

プログラム 9.1　バブルソート（bubble_sort.py）

```
1  # bubble_sort.py      (9-1)
2
3  def bubble_sort(a):
4      n = len(a)
5      for i in range(0,n-1):
6          for j in range(n-1, i, -1):
7              if a[j-1] > a[j]: tmp = a[j-1]; a[j-1] = a[j]; a[j] = tmp
8
9  def print_data(a):
10     n = len(a)
11     for i in range(0,n): print("{:2d} ".format(a[i]), end="")
12     print()
13
14 def main():
```

```
15      a = [ 64, 28, 61, 32, 29 ]
16      print("Before: ",end=""), print_data(a)
17      bubble_sort(a);
18      print("After:  ",end=""),print_data(a);
19
20  if __name__== "__main__":
21      main()
```

実行結果

```
Before:  64  28  61  32  29
After:   28  29  32  61  64
```

9.3 選択ソート

(1) アルゴリズム

選択ソート（selection sort）は，最小要素をリストの先頭と交換し，2番目に小さい要素を先頭から2番目の要素と交換する。このような操作をデータの最後まで繰り返す。選択ソートは，安定でない内部ソートであり，時間計算量は $O(n^2)$ である。

図9.4にフローチャートを示す。図に示すように，選択ソートは2重ループとなっている。外側ループのインデックス i は，“ソート済みのインデックス”，内側ループのインデックス j は，“ソート済以外のデータの最小値探索インデックス”である。したがって，配列の先頭から順次，昇順のデータが完成していくことになる。また，比較回数は，$(n-1)+(n-2)+\cdots+2+1=n(n-1)/2$ である。

(2) 実　装

図9.1の入力データをもとにプログラムを作成する。このデータを用いた選択ソートの処理過程を**図9.5**に示す。図には，外側ループインデックス i に対応した最小値 min とその値 a[min]，そして交換前後の要素が表示されている。前述したように，配列の先頭から順次，昇順のデータが完成していく様子がわかる。

プログラム9.2にプログラムと実行結果を示す。このプログラムは，図9.4のフローチャートに従ったものである。選択ソートの本体は，selection_sort( )

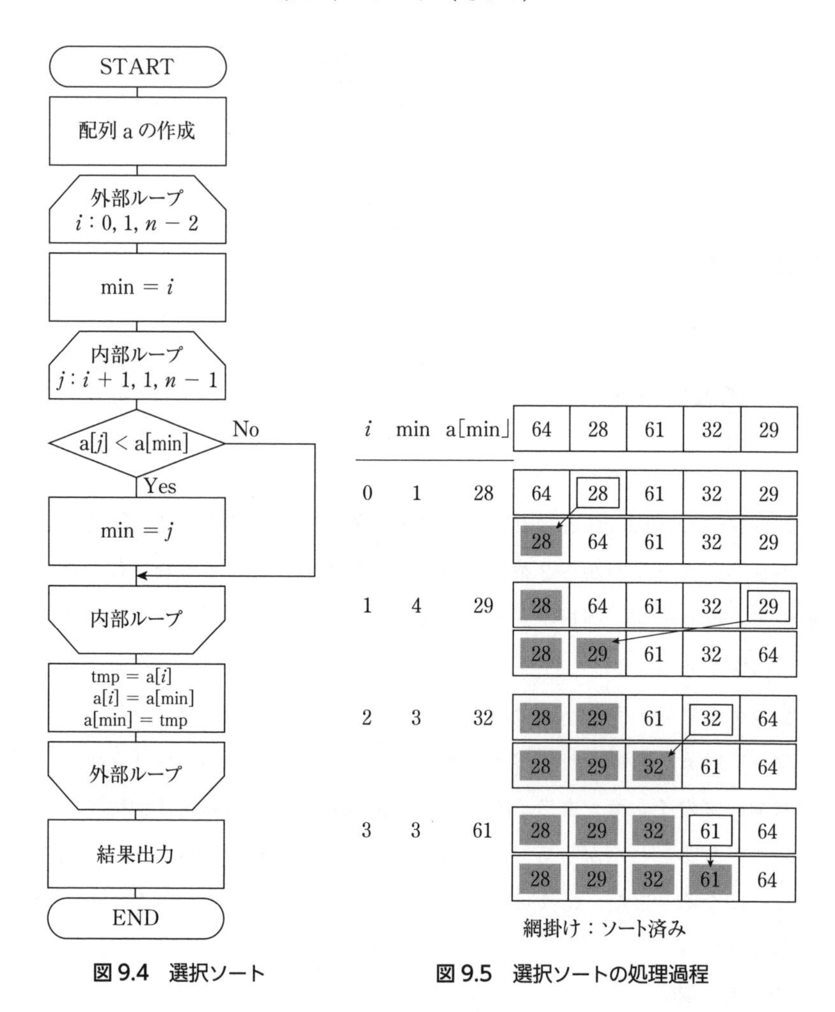

図 9.4　選択ソート　　　　**図 9.5　選択ソートの処理過程**

関数として記述してある。この関数は，ソートされた配列を作成する。本例では，配列 a が昇順に並び替えられている。

プログラム 9.2　選択ソート（selection_sort.py）

```
1  # selection_sort.py      (9-2)
2
3  def selection_sort(a):
4      n = len(a)
5      for i in range(0,n-1):
6          min = i
```

```
7          for j in range(i+1,n):
8              if a[j]<a[min]: min = j
9          tmp = a[i]; a[i] = a[min]; a[min] = tmp
10
11 def print_data(a):
12     n = len(a)
13     for i in range(0,n): print("{:2d} ".format(a[i]), end="")
14     print()
15
16 def main():
17     a = [ 64, 28, 61, 32, 29 ]
18     print("Before: ",end=""), print_data(a)
19     selection_sort( a );
20     print("After:  ",end=""),print_data(a);
21
22 if __name__== "__main__":
23     main()
```

実行結果

```
Before:  64  28  61  32  29
After:   28  29  32  61  64
```

9.4 挿入ソート

(1) アルゴリズム

挿入ソート（insertion sort）は，ソート済みのリストの適切な場所に要素を挿入することでソートを行う方法である。トランプのカード並べの方法に似たアルゴリズムである。安定な内部ソートで，時間計算量は $O(n^2)$ であるが，ソート済みのリストの後ろにいくつかの要素を追加して再びソートさせるというような場合に用いると効果的である。

図 9.6 にフローチャートを示す。図に示すように，挿入ソートは 2 重ループとなっている。外側ループのインデックス i は，“挿入対象のインデックス”で，初期値は 1 である。このことは，a[0] にソート済みの値が入っていることを意味する。まず，挿入対象データを tmp に保存しておく。

そして，内側ループのインデックス j は，ソート済みリスト内の適切な位置を示す“挿入インデックス”である。挿入インデックス j の初期値は i であるから，まず，a[1] を適切な位置に挿入することを考える。例えば，a[0] = 64,

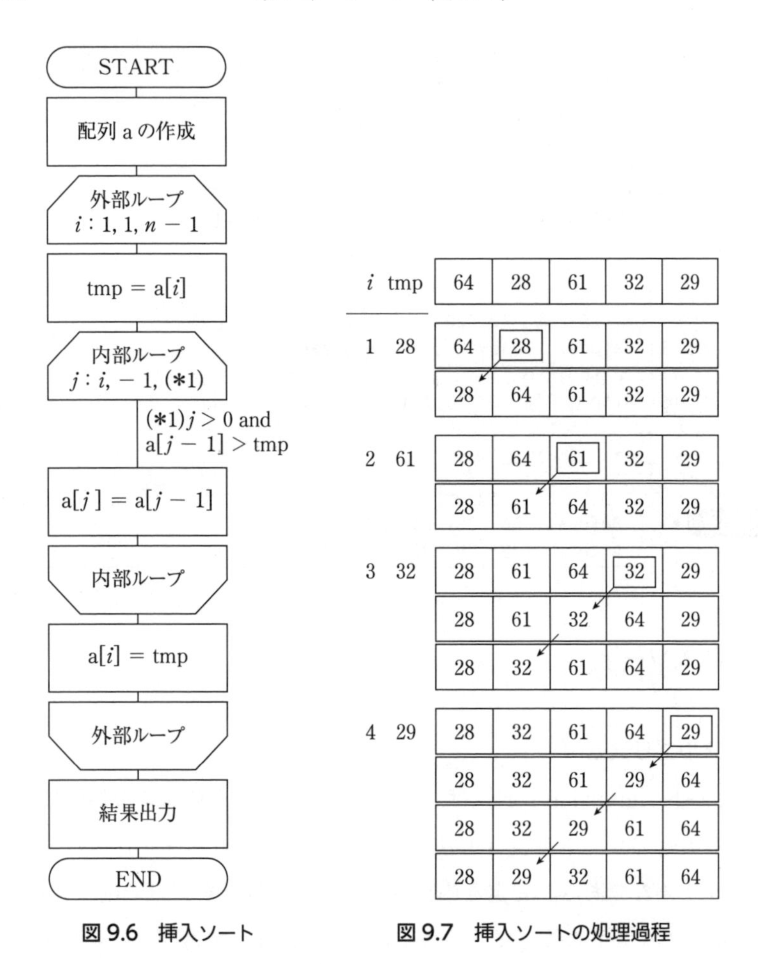

図 9.6　挿入ソート　　**図 9.7　挿入ソートの処理過程**

a[1] = 28 であれば，64 の要素より前に 28 の要素を挿入することになるため，a[0] と a[1] の交換をすればよい。このことを実現するために，内側のループでは，インデックス j を i から始めて tmp より小さい部分のインデックスをデクリメントする。このようにして得られた j が挿入位置であるので，a[j] = tmp で値をセットしている。

このような手続きを続けることによって，昇順のデータが完成していくことになる。比較回数は，$(n-1)+(n-2)+\cdots+2+1=n(n-1)/2$ である。

(2) 実　装

図 9.1 の入力データをもとにプログラムを作成する。このデータを用いた挿入ソートの処理過程を図 9.7 に示す。図には，外側ループインデックス i に対応した挿入対象データ tmp と交換後の要素が表示されている。前述したように，配列の先頭から順次，昇順のデータが完成していく様子がわかる。

プログラム 9.3 にプログラムと実行結果を示す。このプログラムは，図 9.6 のフローチャートに従ったものである。挿入ソートの本体は，insertion_sort( ) 関数として記述してある。

プログラム 9.3　挿入ソート（insertion_sort.py）

```
1  # insertion_sort.py      (9-3)
2
3  def insertion_sort(a):
4      n = len(a)
5      for i in range(1,n):
6          tmp = a[i]
7          j = i
8          while j>0 and a[j-1]>tmp: a[j] = a[j-1]; j -=1
9          a[j] = tmp
10
11 def print_data(a):
12     n = len(a)
13     for i in range(0,n): print("{:2d} ".format(a[i]), end="")
14     print()
15
16 def main():
17     a = [ 64, 28, 61, 32, 29 ]
18     print("Before: ",end=""), print_data(a)
19     insertion_sort(a);
20     print("After:  ",end=""),print_data(a);
21
22 if __name__== "__main__":
23     main()
```

実行結果

```
Before:  64  28  61  32  29
After:   28  29  32  61  64
```

9.5 関連プログラム

(1) リストのソート

リストのソートには，組込み関数の sorted( ) 関数と，組込みメソッドの list.sort( ) メソッドを用いることができる。ここで，sorted( ) 関数はソートされたリストが戻り値であり，list.sort( ) メソッドはインプレース（入力が上書きされる）である。それぞれの構文を以下に示す。

```
sorted(list [, key=None][, reverse=False])
list.sort([key= None][, reverse= False])
```

ここで，[ ] は省略可能であり，key はソートに利用されるキーの指定，reverse = True は降順指定に用いられる。以下に利用方法を示す。

```
a = [64, 28, 61, 32, 29]
b = sorted(a)          # a = [64,28,61,32,29], b=[28,29,32 61,64]
print(b)

a.sort()               # a = [28,29,32 61,64]  in-place

c = [[0,"T",64],[1,"C",28],[2,"N",61],[3,"Y",32],[4,"K",29]]
d = sorted(c, key=lambda x:x[1])
print(d)   # [[1,'C',28], [4,'K',29], [2,'N',61], [0,'T',64], [3,'Y',32]]

e = sorted(c, key=lambda x:x[2])
print(e)   # [[1,'C',28], [4,'K',29], [3,'Y',32], [2,'N',61], [0,'T',64]]
```

上記において，リスト a は要素が int 型，リスト c は要素も 3 つの要素（番号，氏名，年齢）からなるリストである。リスト d と e は，ソートのキーを氏名と年齢にしたものである。キーの指定には，**ラムダ式**（lambda expression）を用いている。「lambda x : x[1]」で key を氏名に指定し，「lambda x : x[2]」で key を年齢に指定している。ラムダ式の構文は下記である。

```
lambda 引数 : 式
```

(2) タプルのソート

タプルのソートもリストと同様に組込み関数の sorted( ) 関数を用いることができる。戻り値はリストである。しかし，タプルの sort( ) メソッドはないので注意が必要である。以下に利用方法を示す。

```
a = (64, 28, 61, 32, 29)
b = sorted(a)          # a = (64,28,61,32,29), b=[28,29,32 61,64]
print(a), print(b)
```

また，collections の namedtuple( ) 関数と，operator の itemgetter( ) 関数を用いると名前付きタプルのソートができる。以下に名前付きタプルのソート例を示す。

```
from collections import namedtuple
from operator import itemgetter
Student = namedtuple("Student", ("no","name","age"))
s0 = Student(1, "T",64)
s1 = Student(2, "C",28)
s2 = Student(3, "N",62)
s3 = Student(4, "K",29)
s =[ s0, s1, s2, s3 ]
a = sorted(s, key = itemgetter(2))  # sorted by age
print(a)
b = sorted(s, key = itemgetter(1))  # sorted by name
print(b)
```

(3) 辞書（dict）のソート

辞書（dict）のソートもリストと同様に組込み関数の sorted( ) 関数を用いることができる。以下に，dict の key と value によるソートの例を示す。下記の「'T': 64」において，key は 'T'，value は 64 である。value によるソートではラムダ式を用いてソートのキーを指定している（key ＝ lambda x : x[1]）。

```
s = {'T': 64,'C': 28,'N0': 62,'K': 29,'Y0':31,'N1': 32,'Y1': 3,'Y2': 0 }
print(s)
a = sorted(s.items( ))   # sorted by key
print(a)
# [('C',28), ('K',29), ('N0',62), ('N1',32), ('T',64), ('Y0',31), ('Y1',3),
('Y2',0)]

b = sorted(s.items( ), key = lambda x : x[1]   # sorted by value
print(b)
# [('Y2',0), ('Y1',3), ('C',28), ('K',29), ('Y0',31), ('N1',32), ('N0',62), ('T',64)]
```

つぎに，operator の attrgetter( ) 関数を用いて自作クラス Student クラス（プログラム 1.2）の名前と年齢によるソートの例を**プログラム 9.4** に示す。

プログラム 9.4　operator.attrgetter( ) 関数を用いたソート（class_sort.py）

```
1  # class_sort.py      (9-4)
2
3  from Student import Student
4  from operator import attrgetter
5
6  def main():
7      s = [ Student(1,"T",64), Student(2,"C",28), Student(3,"N",61),\
8      Student(4,"Y",32), Student(5,"K",29)]
9
10     print("Original       : ",end=""),print(s)
11     a = sorted(s, key = attrgetter("name"))
12     print("Sorted by name: ",end=""),print(a)
13
14     b = sorted(s, key = attrgetter("age"))
15     print("Sorted by age : ",end=""),print(b)
16
17 if __name__ == "__main__":
18     main()
```

実行結果

```
Original       : [(1, 'T', 64), (2, 'C', 28), (3, 'N', 61), (4, 'Y', 32), (5, 'K', 29)]
Sorted by name: [(2, 'C', 28), (5, 'K', 29), (3, 'N', 61), (1, 'T', 64), (4, 'Y', 32)]
Sorted by age : [(2, 'C', 28), (5, 'K', 29), (4, 'Y', 32), (3, 'N', 61), (1, 'T', 64)]
```

演習問題

9-1 配列 A[i](i = 1, 2, ⋯, n) を，つぎのアルゴリズムによって整列する。行 2 ～ 3 の処理が初めて終了したとき，必ず実現されている配列の状態はどれか。

〔アルゴリズム〕

行番号

1. i を 1 から $n-1$ まで 1 ずつ増やしながら行 2 ～ 3 を繰り返す
2. j を n から $i+1$ まで減らしながら行 3 を繰り返す
3. もし A[j] < A[$j-1$] ならば，A[j] と A[$j-1$] を交換する

ア　A[1] が最小値になる　　イ　A[1] が最大値になる

ウ　A[n] が最小値になる　　エ　A[n] が最大値になる

9-2 4つの数の並び (4, 1, 3, 2) を，ある整列アルゴリズムに従って昇順に並べ替えたところ，数の入れ替えはつぎのとおり行われた。この整列アルゴリズムはどれか。

(1, 4, 3, 2)

(1, 3, 4, 2)

(1, 2, 3, 4)

ア　クイックソート　イ　選択ソート　ウ　挿入ソート　エ　交換ソート

9-3 未整列の配列 A[i] ($i = 1, 2, \cdots, n$) を，つぎのアルゴリズムで整列する。要素どうしの比較回数のオーダを表す式はどれか。

〔アルゴリズム〕

(1)　A[1] ～ A[n] の中から最小の要素を探し，それを A[1] と交換する。

(2)　A[2] ～ A[n] の中から最小の要素を探し，それを A[2] と交換する。

(3)　同様に，範囲を狭めながら処理を繰り返す。

ア　$O(\log_2 n)$　イ　$O(n)$　ウ　$O(n \log_2 n)$　エ　$O(n^2)$

9-4 n 個のデータをバブルソートを使って整列するとき，データどうしの比較回数はいくらか。

ア　$n \log n$　イ　$n(n+1)/4$　ウ　$n(n-1)/2$　エ　n^2　オ　$\log n$

第 10 章　ソート（その 2）

前章で基本的なソートについて述べた。いずれも 2 重ループのアルゴリズムであるため時間計算量は $O(n^2)$ と遅い方法であった。しかし，これまでの研究によりいくつかの効率の良いアルゴリズムも知られているため，ここで説明する。

本章では，シェルソート，クイックソート，マージソートについて説明し，それらの実装方法について述べる。 以下の説明では各ソートの入力データとして図 10.1 に示す 9 つの int 型のデータが格納されている配列を使用する。

	[0]	[1]	[2]	[3]	[4]	[5]	[6]	[7]	[8]
a	64	28	61	32	29	31	97	3	0

図 10.1　配列（入力データ）

10.1　シェルソート

(1) アルゴリズム

シェルソート（shell sort）は，前章で説明した挿入ソートの一般化と見なされている。そのアルゴリズムは，「間隔の離れた要素の組に対してソートを行い，だんだんと比較する要素間の間隔を小さくしながら挿入ソートを繰り返す」というものである。離れた場所の要素からソートを始めることで，速く要素を所定の位置に移動させる可能性が広がる。実行時間は，適用するデータに依存するため，時間計算量の計算は難しいとされている。比較する要素間の間隔（h）をどのように決定し，どのように減少させていくかにより，その性能が変化することが知られている。現在のところ，D. E. Knuth により提案された $h = 1, 4, 13, 40, 121, 264, \cdots$ を用いるのが高速であるといわれている。この h は，漸化式 $h^{i+1} = 3h^{i} + 1$ で求められる h の中で，ソート対象のデータ数以下の数字が選ばれる。また，h の減少方法は，$h^{i+1} = (h^{i} - 1)/3$ が用いられる。

この場合の時間計算量は $O(n^{1.25})$ とされている。

図 10.2 にフローチャートを示す。図に示すように，シェルソートのアルゴリズムは，「比較する要素間の間隔（h）の決定」と「h の間隔で離れた要素の集合に対する挿入ソート」の 2 つの部分から構成されている。挿入ソートは，間隔ループ（h），データ列ループ（i），挿入ループ（j）の 3 重ループで構成されている。

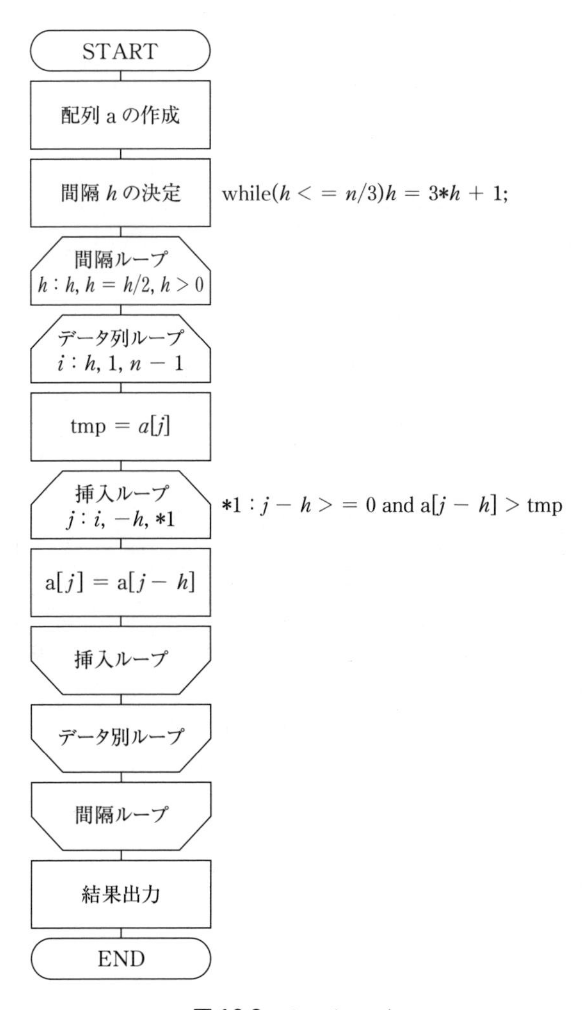

図 10.2　シェルソート

(2) 実　装

以下では，図10.1の入力データをもとにプログラムを作成する。このデータを用いたシェルソートの処理過程を図10.3に示す。図には，各インデックスと配列aの内容を示している。網掛けの部分が，“hの間隔で離れた要素の集合”であり，データ列ループiに対応した挿入対象データtmpが適切な位置に挿入されていく様子がわかる。

			[0]	[1]	[2]	[3]	[4]	[5]	[6]	[7]	[8]
ソート前			64	28	61	32	29	31	97	3	0
h	i	tmp									
4	4	29	64	28	61	32	29	31	97	3	0
	5	31	29	28	61	32	64	31	97	3	0
	6	97	29	28	61	32	64	31	97	3	0
	7	3	29	28	61	32	64	31	97	3	0
	8	0	29	28	61	3	64	31	97	32	0
			0	28	61	3	29	31	97	32	64
1	1	28	0	28	61	3	29	31	97	32	64
	2	61	0	28	61	3	29	31	97	32	64
	3	3	0	28	61	3	29	31	97	32	64
	4	29	0	3	28	61	29	31	97	32	64
	5	31	0	3	28	29	61	31	97	32	64
	6	97	0	3	28	29	31	61	97	32	64
	7	32	0	3	28	29	31	61	97	32	64
	8	64	0	3	28	29	31	32	61	97	64
ソート後			0	3	28	29	31	32	61	64	97

図10.3　処理過程

ここでは，入力データ$a = \{ 64, 28, 61, 32, 29, 31, 97, 3, 0 \}$に着目する。データ数が9であるから，$h = 4$を採用する。このことは，まず，データのインデックスが4つ離れたグループについて挿入ソートを実施し，つぎに，$h = (h - 1)/3 = (4 - 1)/3 = 1$として同様な手続きを行う。

はじめに4つ離れた図の網掛けの要素$\{ a[0] = 64, a[4] = 29 \}$に着目し，挿入ソートにより昇順にする。引き続いて，$\{ 28, 31 \}$，$\{ 61, 97 \}$，$\{ 32, 3 \}$，

{ 29, 64, 0 } の順に挿入ソートを実施する。この段階で，a = { 0, 28, 61, 3, 29, 31, 97, 32, 64 } が得られている。最初の配列 a と比較すると，より昇順に近づいていることがわかる。つぎに，$h = 1$ として，挿入ソートを実施すると，ソート済の結果が得られる。

プログラム 10.1 にプログラムと実行結果を示す。このプログラムは，図 10.2 のフローチャートに従ったものである。シェルソートの本体は，shell_sort( ) 関数として記述してある。この関数は，ソートされた配列を作成する。ここの例では，配列 a は昇順に並び替えられている。

プログラム 10.1　シェルソート（shell_sort.py）

```
1  # shell_sort.py     (10-1)
2
3  def shell_sort(a):
4      n = len(a)
5      h = 1
6      while h<= n/3:  h = h*3 + 1
7      while h > 0:
8          for i in range(h, n):
9              tmp = a[i]
10             j = i
11             while j-h>=0 and a[j-h]>tmp:
12                 a[j]=a[j-h]; j -= h
13             a[j] = tmp
14         h = int((h-1)/3)
15
16 def print_data(a):
17     n = len(a)
18     for i in range(0,n): print("{:2d} ".format(a[i]), end="")
19     print()
20
21 def main():
22     a = [ 64, 28, 61, 32, 29, 31, 97, 3, 0  ]
23     print("Before: ",end=""), print_data(a)
24     shell_sort(a)
25     print("After:  ",end=""), print_data(a)
26
27 if __name__== "__main__":
28     main()
```

実行結果

```
Before:  64  28  61  32  29  31  97   3   0
After:    0   3  28  29  31  32  61  64  97
```

10.2 クイックソート

(1) アルゴリズム

クイックソート（quick sort）は，1960年にC. A. Hoarが開発した分割統治法（divide and conquer method）を用いた高速なソートアルゴリズムである。データを**ピボット**（pivot）と呼ばれる基準値より小さいものと，大きいもののグループに分割し，それぞれのグループの中でも新しいピボットを用いて同様の処理を繰り返す。ピボットの日本語訳は，**枢軸**である。このピボットの位置は任意である。よく使用されるものは，リストの先頭，中央，後尾，およびこれら3つのインデックスの平均値である。ここでは，中央インデックスを用いて説明する。この場合，先頭インデックスをleft，後尾インデックスをrightとすると，ピボットはpivot = (left + right)/2で求められる。

図10.4にフローチャートを示す。図に示すように，クイックソートのアルゴリズムは以下のとおりである。

1. pivotを決定する。
2. 配列の先頭から順に値を調べ，pivot以上の要素を見つけたインデックスをlとする。
3. 配列の後尾から順に値を調べ，pivot以下の要素を見つけたインデックスをrとする。
4. $l < r$であれば，その2つの要素を入れ替え2に戻る。ただし，つぎの2での探索は，l++，r−−から実施する。$l < r$でなければ，左側を境界にして分割を行って2つのグループに分け，それぞれに対して再帰的に1からの手順を行う。

クイックソートは，安定なソートではない。最悪の時間計算量は$O(n^2)$であるが，平均の時間計算量は$O(n \log n)$である。

(2) 実　装

ここでは，図10.1の入力データをもとにプログラムを作成する。このデー

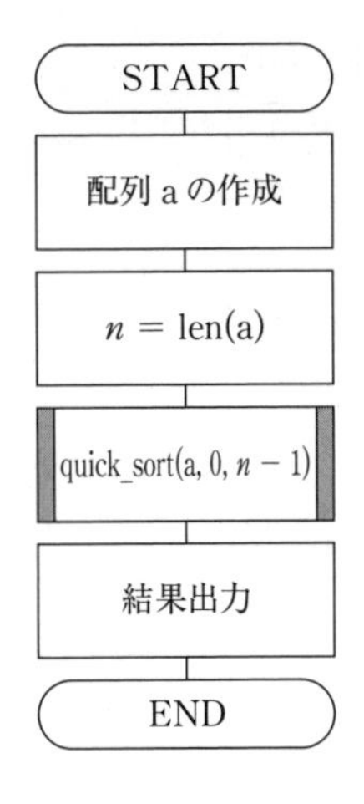

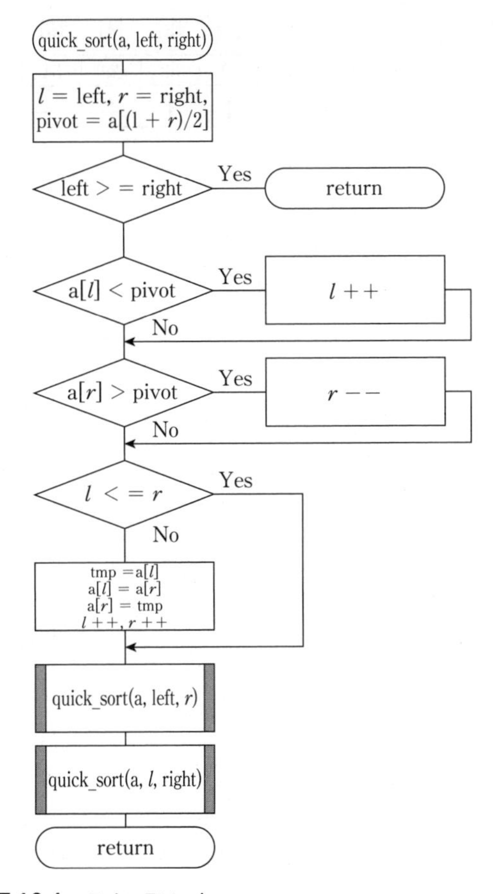

図 10.4　クイックソート

タを用いたクイックソートの処理過程を図 10.5 に示す。図には，pivot が○印で示されている。まず，pivot $= a[(l + r)/2] = a[4] = 29$ である。インデックス l を 0 から l++ しながら，pivot 以上の要素のインデックスを求める。この場合は，$l = 0$ である。また，インデックス r を $(n - 1)$ から r−− しながら，pivot 以下の要素のインデックスを求める。この場合は，$r = 8$ である。したがって，$l < r$ なのでこの両者を交換する。この様子を両側矢印で示している。インデックス l と r が交差すると処理が終了する。この時点で，a = { 0, 28, 3, 29, 32, 31, 97, 61, 64 } であり，pivot より小さい要素が pivot より左側に，

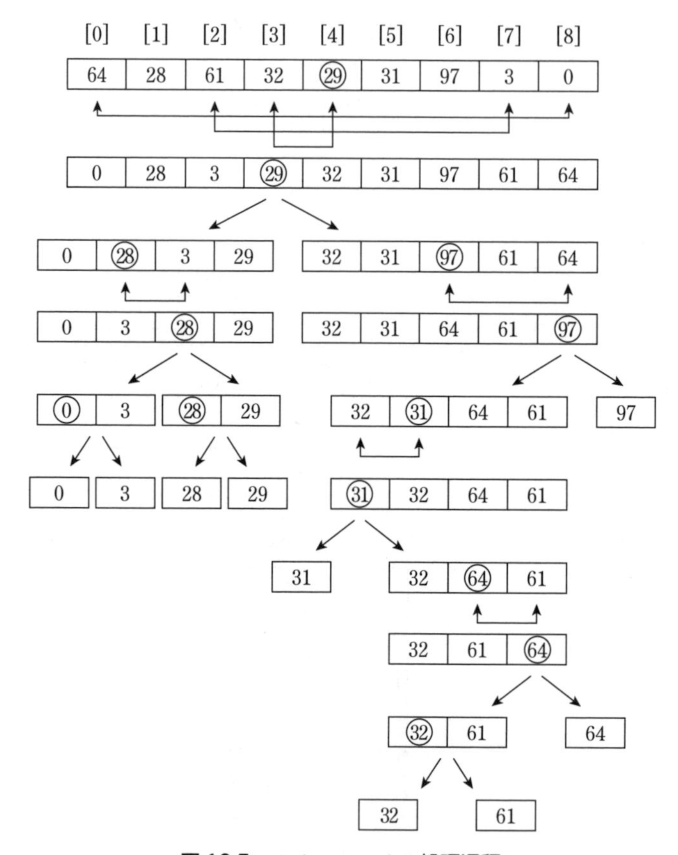

図 10.5　クイックソートの処理過程

pivot より大きい要素が pivot より右側の部分に格納されている。つぎに，図 10.5 に示すように，a[0] ～ a[3] と a[4] ～ a[8] の 2 つのグループに分割し，新たな pivot を用いて再帰的に同様の処理を実施する。そして，要素が 1 つのグループになった時点で終了である。

プログラム 10.2 にプログラムと実行結果を示す。このプログラムは，図 10.4 のフローチャートに従ったものである。クイックソートの本体は，quick_sort( ) 関数として記述してある。この関数は，ソートされた配列を作成する。本例では，配列 a が昇順に並び替えられている。

プログラム 10.2　クイックソート（quick_sort.py）

```
1  # quick_sort.py     (10-2)
2
3  def quick_sort(a, left, right) :
4      l = left; r = right
5      pivot = a[ int((l+r)/2) ]
6      if left >=right: return
7      while l<= r:
8          while a[l] < pivot: l += 1
9          while a[r] > pivot: r -= 1
10         if l <= r:
11             tmp=a[l]; a[l]=a[r]; a[r]=tmp
12             l += 1; r -= 1
13         quick_sort(a, left, r)
14         quick_sort(a, l, right)
15
16 def print_data(a ):
17     n = len(a)
18     for i in range(0,n): print("{:2d} ".format(a[i]), end="")
19     print()
20
21 def main():
22     a = [ 64, 28, 61, 32, 29, 31, 97, 3, 0  ]
23     n = len(a)
24     print("Before: ",end=""), print_data(a)
25     quick_sort(a, 0, n-1);
26     print("After:  ",end=""),print_data(a);
27
28 if __name__== "__main__":
29     main()
```

実行結果

```
Before:  64  28  61  32  29  31  97   3   0
After:    0   3  28  29  31  32  61  64  97
```

10.3　マージソート

(1) アルゴリズム

マージソート（merge sort）は，すでにソートしてある複数のリストを合わせる際に，小さいものから順に並べれば，全体としてソートされたリストが得られているという分割統治法によるアルゴリズムである。リストを小さな部分に分け，2つのリストのそれぞれの要素を比較してマージする。この処理を繰り返すとソートされたリストが完成する。マージソートは，安定なソートであり，時間計算量は $O(n \log n)$ である。

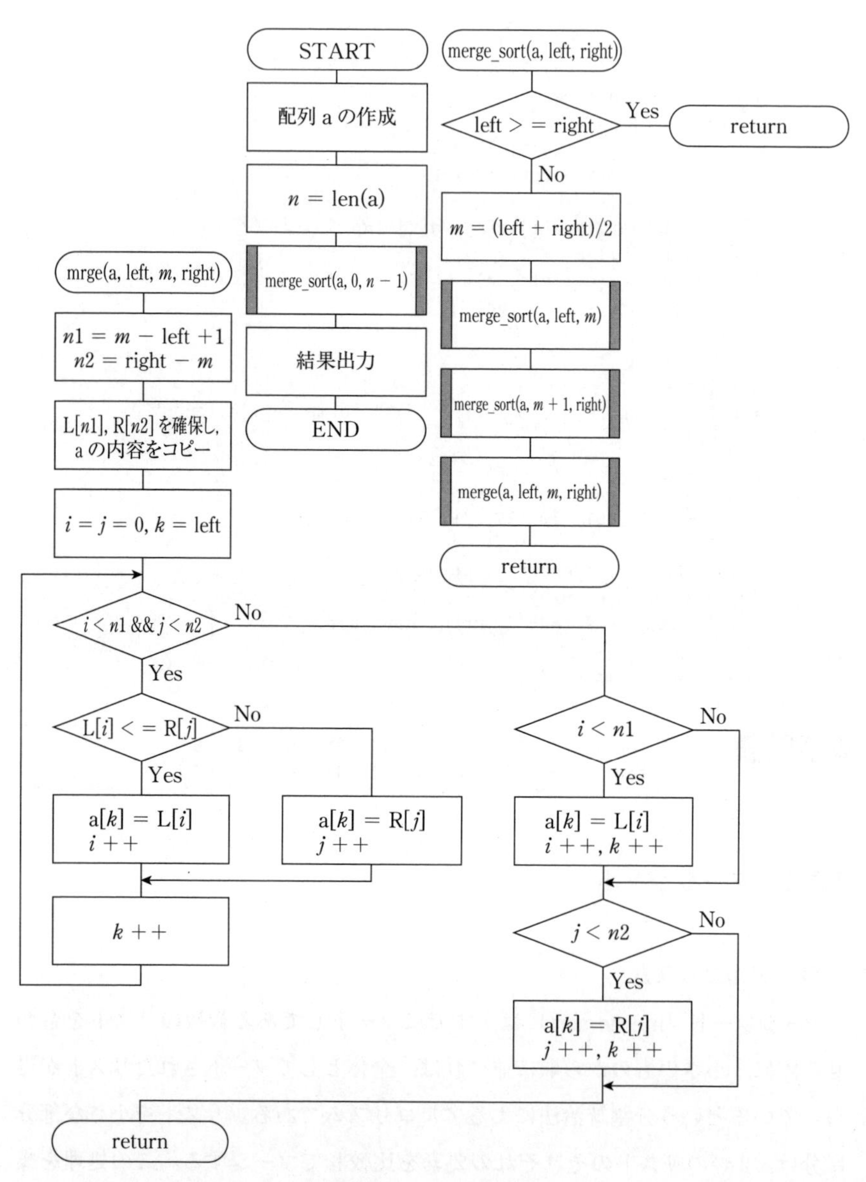

図 10.6　マージソート

図 10.6 にフローチャートを示す。図に示すように，マージソートのアルゴリズムは以下のとおりである。

1 リストを分割する。

2 分割された各リストで要素が 1 つならそれを返し，そうでなければ，3 を再帰的に適用してマージソートする。

3 2 つのソートされたリストをマージする。

(2) 実　装

図 10.1 の入力データをもとにプログラムを作成する。このデータを用いたマージソートの処理過程を図 10.7 に示す。図には，処理番号〈1〉～〈24〉の順に分割・マージされる配列の内容が示されている。

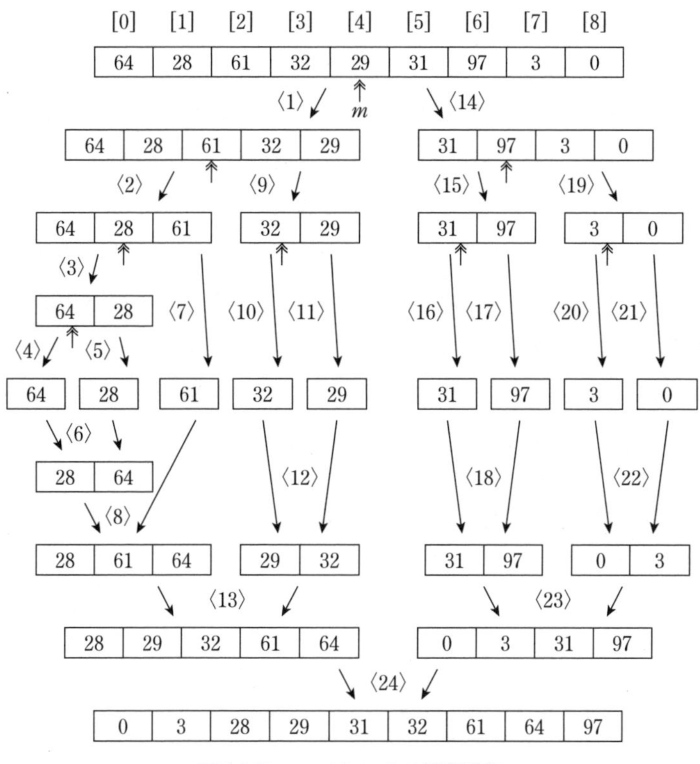

図 10.7　マージソートの処理過程

まず，処理番号〈1〉において，$m = (0 + 8)/2 = 4$ であるから，{a[0] ～ a[4]} と {a[5] ～ a[8]} に分割する。merge_sort(a, left, m) 関数が再帰的に呼び出されるので，分割された左側の配列 {a[0] ～ a[4]} のソートが先に実施される。

つぎに，処理番号〈2〉において，さらに分割された {a[0], a[1], a[2]} に対して処理が実施され，処理番号〈3〉で {a[0], a[1]}，処理番号〈4〉で {a[0]} となる。

この状態で再帰の停止条件が満たされるので，つぎに，merge_sort(a, m+1, right) 関数が呼び出され，右側の配列のソートが開始される。処理番号〈5〉で {a[1]} となり，この再帰処理も停止する。つぎに，merge(a, left, m, right) = merge(a, 0, 0, 1) によりマージが実施され，{28, 64} が得られる。以下，同様な処理が実施され，処理番号〈13〉で，最初の配列 a の左側の配列のソートが完了し {28, 29, 32, 61, 64} が得られる。

その後，最初の配列 a の右側の配列のソートが実施される。この処理は〈23〉で完了し {0, 3, 31, 97} が得られる。最後に，この 2 つの配列のマージを実施すると，昇順にソートされた配列が得られる。

プログラム 10.3 にプログラムと実行結果を示す。このプログラムは，図 10.6 のフローチャートに従ったものである。マージソートの本体は，merge_sort( ) 関数として記述してある。この関数は，再帰的に merge_sort( ) 関数を呼び出した後に，merge( ) 関数によりマージし，ソートされた配列を作成する。本例では，配列 a が昇順に並び替えられている。

プログラム 10.3　マージソート（merge_sort.py）

```
1  # merge_sort.py      (10-3)
2  
3  def merge_sort(a, left, right):
4      if left >= right: return
5      m = int( (left + right)/2 )
6      merge_sort(a, left, m)
7      merge_sort(a, m+1, right)
8      merge(a, left, m, right)
9  
```

```
10 def merge(a, left, m, right):
11     n1 = m - left + 1; n2 = right - m
12     L = [0] * n1; R = [0] * n2
13     for i in range( 0, n1 ): L[i] = a[left + i]; i += 1
14     for j in range( 0, n2 ): R[j] = a[m + 1 + j]; j += 1
15 
16     i = j = 0
17     k = left
18     while i < n1 and j < n2:
19         if L[i] <= R[j]: a[k] = L[i]; i += 1
20         else: a[k] = R[j]; j += 1
21         k += 1
22 
23     while i < n1: a[k] = L[i]; i += 1; k += 1
24 
25     while j < n2: a[k] = R[j]; j += 1; k += 1
26 
27 def print_data(a):
28     n = len(a)
29     for i in range(0,n): print("{:2d} ".format(a[i]), end="")
30     print()
31 
32 def print_data2(a,l,r):
33     for i in range(l,r): print("{:2d} ".format(a[i]), end="")
34     print()
35 
36 def main():
37     a = [ 64, 28, 61, 32, 29, 31, 97, 3, 0  ]
38     n = len(a)
39     print("Before: ",end=""), print_data(a)
40     merge_sort(a, 0, n-1);
41     print("After:  ",end=""),print_data(a);
42 
43 if __name__== "__main__":
44     main()
```

実行結果

```
Before: 64  28  61  32  29  31  97   3   0
After:   0   3  28  29  31  32  61  64  97
```

10.4　関連プログラム

・オブジェクトの複数のキーでのソート

一般に，ユーザが作成したクラスには複数のメンバ変数が含まれるが，それらの変数をキーとして，複数のキーでソートしたい場合がある。

例えば，プログラム 1.2 に示した Student クラスには，番号（no），名前（name），年齢（age）の 3 つのメンバ変数があるが，名前順－年齢順でソートしたい場合がある。すなわち，同一の名前のデータが存在する場合は，同一の名前の中で年齢順にソートした結果が必要な場合に対応する。このような複数のキーでのソートは，多くの方法で実現できるが，ここでは比較的取り扱いが容易なラムダ式を用いた方法を示す。

プログラム 10.4 は，複数のキーでのソートの例である。この例では，「名前順－年齢順」としている。すなわち，ラムダ式を用いて「key = lambda x:(x.name, x.age)」とすればよい。この順番を逆にすれば，「年齢順－名前順」となる。プログラム 10.4 の実行結果を参照すると，9 つの Student クラスのインスタンスが，まず名前順（昇順）にソートされ，つぎに同一の名前 “N” と “Y” については年齢順（昇順）にソートされていることが確認できる。

プログラム 10.4　複数キーでのソートの例（multiple_key_sort.py）

```
1  # multiple_key_sort.py    (10-4)
2
3  from Student import Student
4
5  def main():
6      s = [
7          Student(1,"T",64), Student(2,"C",28), Student(3,"N",61),
8          Student(4,"Y",32), Student(5,"K",29), Student(6,"M",97),
9          Student(7,"N",31), Student(8,"Y", 3), Student(9,"Y", 0),
10     ]
11     print("Before: ",end=""), print(s)
12     a = sorted(s, key= lambda x:(x.name,x.age))
13     print("\nAfter : ",end=""), print(a)
14
15 if __name__ == "__main__":
16     main()
```

実行結果

```
Before: [(1, 'T', 64), (2, 'C', 28), (3, 'N', 61), (4, 'Y', 32),
(5, 'K', 29), (6, 'M', 97), (7, 'N', 31), (8, 'Y', 3), (9, 'Y', 0)]

After : [(2, 'C', 28), (5, 'K', 29), (6, 'M', 97), (7, 'N', 31), (3,
'N', 61), (1, 'T', 64), (9, 'Y', 0), (8, 'Y', 3), (4, 'Y', 32)]
```

演習問題

10-1 データ列が整列の過程で図のように上から下に推移する整列方法はどれか。ここで，図中のデータ列中の縦の区切り線は，その左右でデータ列が分割されていることを示す。

ア　クイックソート　イ　シェルソート
ウ　ヒープソート　　エ　マージソート

6 | 1 | 7 | 3 | 4 | 8 | 2 | 5
1 6 | 3 7 | 4 8 | 2 5
1 3 6 7 | 2 4 5 8
1 2 3 4 5 6 7 8

10-2 データの整列と併合に関するつぎの記述中の［　　］に入れるべき適切な字句の組合せはどれか。

キーの値の小さなものから大きなものへデータを並べることを，［ a ］に［ b ］するという。対象とするデータ列が補助記憶装置にある場合，この操作を［ c ］と呼ぶ。また，一定の順序に［ b ］された2つ以上のファイルを1つのファイルに統合することを［ d ］という。

	a	b	c	d
ア	降順	整列	外部整列	併合
イ	昇順	併合	外部併合	整列
ウ	降順	併合	内部併合	整列
エ	昇順	整列	外部整列	併合
オ	昇順	併合	内部併合	整列

10-3 つぎの流れ図は，最大値選択法によって値を大きい順に整列するものである。*印の処理（比較）が実行される回数を表す式はどれか。

ア　$n-1$
イ　$n(n-1)/2$
ウ　$n(n+1)/2$
エ　n^2

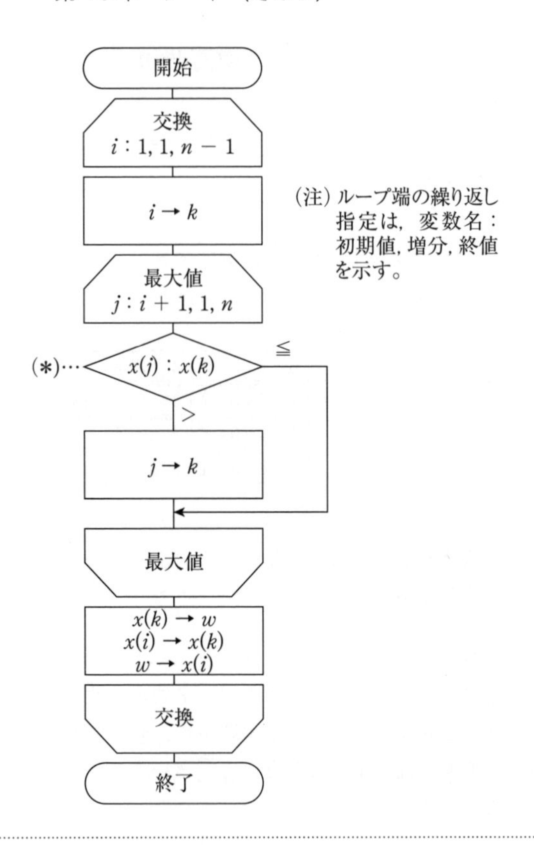

10-4 つぎの手順はシェルソートによる整列を示している。データ列{7, 2, 8, 3, 1, 9, 4, 5, 6}を手順(1)～(4)に従って整列すると，手順(3)を何回繰り返して完了するか。ここで，[ ]は小数点以下を切り捨てる。

(1)　[データ数÷3]→Hとする。

(2)　データ列をたがいにH要素分だけ離れた要素の集まりからなる部分列とし，それぞれの部分列を挿入法を用いて整列する。

(3)　[H÷3]→Hとする。

(4)　Hが0であればデータ列の整列は完了し，0でなければ(2)に戻る。

ア　2　　イ　3　　ウ　4　　エ　5

10-5 データ全体をある値より大きいデータと小さいか等しいデータに2分する。つぎに2分されたそれぞれのデータの集まりにこの操作を適用する。これを繰り返してデータ全体を大きさの順に並べる整列法はどれか。

ア　クイックソート　　イ　バブルソート
ウ　ヒープソート　　　エ　マージソート

10-6 整列アルゴリズムの1つであるクイックソートの記述として，適切なものはどれか。

ア　対象集合から基準となる要素を選び，これよりも大きい要素の集合と小さい要素の集合に分割する。この操作を繰り返すことで，整列を行う。
イ　対象集合から最も小さい要素を順次取り出して，整列を行う。
ウ　対象集合から要素を順次取り出し，それまでに取り出した要素の集合に順序関係を保つよう挿入して，整列を行う。
エ　隣り合う要素を比較し，逆順であれば交換して，整列を行う。

10-7 クイックソートの処理方法を説明したものはどれか。

ア　すでに整列済みのデータ列の正しい位置に，データを追加する操作を繰り返していく方法である。
イ　データ中の最小値を求め，つぎにそれを除いた部分の中から最小値を求める。この操作を繰り返していく方法である。
ウ　適当な基準値を選び，それより小さな値のグループと大きな値のグループにデータを分割する。同様にして，グループの中で基準値を選び，それぞれのグループを分割する。この操作を繰り返していく方法である。
エ　隣り合ったデータの比較と入替えを繰り返すことによって，小さな値のデータをしだいに端のほうに移していく方法である。

第11章 グラフ

グラフ（graph）は，実用的なデータ構造としてよく利用されている。グラフは，**ノード**とノード間の連結関係を示す**ブランチ**で構成される。ノードは節点（vertex），ブランチは**エッジ**や**リンク**とも呼ばれる。

本章では，グラフについて説明し，その実装方法と応用について述べる。

11.1 グラフとは

(1) グラフの表現

グラフは，$G = \{N, B\}$ で表される。ここで，N はノードの集合，B はブランチの集合である。また，グラフは**有向グラフ**（directed graph）と**無向グラフ**（undirected graph）に分類される。有向グラフは，ブランチに方向情報を付加したものである。グラフを表現するデータ構造として，① **隣接行列**（adjacency matrix）と，② **隣接リスト**（adjacency list）がある。

まず，隣接行列は，図 11.1 に示すようにノードとブランチの隣接関係を表す正方行列である。

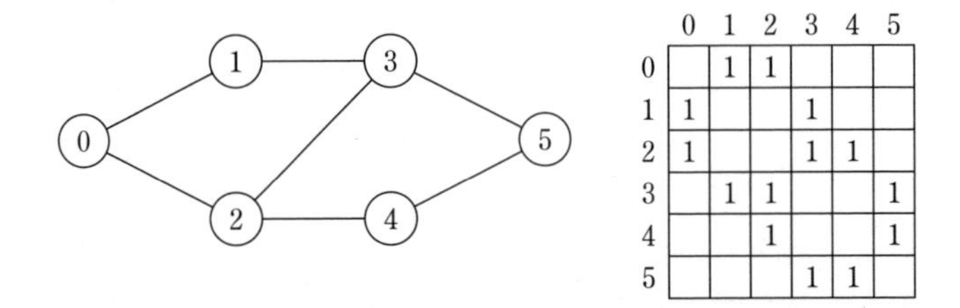

	0	1	2	3	4	5
0		1	1			
1	1			1		
2	1			1	1	
3		1	1			1
4			1			1
5				1	1	

図 11.1　$G = \{6, 7\}$ の隣接行列

つぎに，隣接リストは，図 11.2 に示すようにグラフを構成するノードまたはブランチをすべてリストで表現したものである。

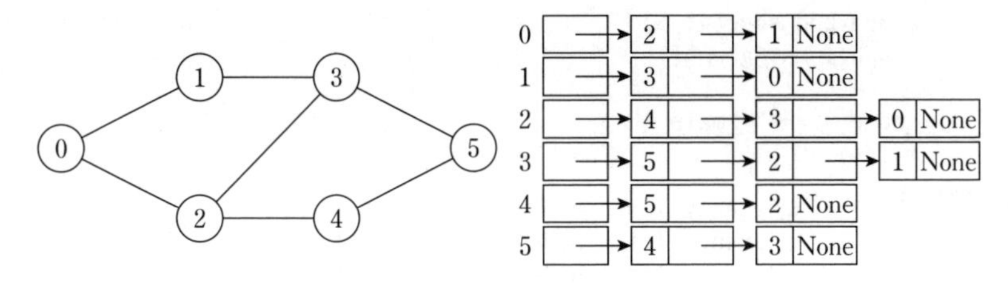

図 11.2　$G = \{6, 7\}$ の隣接リスト

(2) 実　装

図 11.2 は，グラフ $G = \{6, 7\}$ の隣接リストである。そのグラフを生成するプログラムと実行結果を**プログラム 11.1** に示す。隣接リストは，リストを用いて実装している。

プログラム 11.1　隣接リスト（adjacency_list.py）

```
1  # adjacency_list.py      (11-1)
2
3  class Node:
4      def __init__(self, data): self.data = data; self.next = None
5
6  class Graph:
7      def __init__(self, num): self.n = num; self.graph = [None] * num
8
9      def add_edge(self, src, dest):
10         node = Node(dest); node.next = self.graph[src]
11         self.graph[src] = node
12         node = Node(src)
13         node.next = self.graph[dest]; self.graph[dest] = node
14
15     def print_graph(self):
16         for i in range(self.n):
17             print("Adjacency list of vertex ",i,": head ", end="")
18             temp = self.graph[i]
19             while temp:
20                 print(" -> {}".format(temp.data), end="")
21                 temp = temp.next
22             print()
23
24 def main():
25     n = 6
26     graph = Graph(n)
27     graph.add_edge(0, 1),graph.add_edge(0, 2),graph.add_edge(1, 3)
28     graph.add_edge(2, 3),graph.add_edge(2, 4),graph.add_edge(3, 5)
```

```
29      graph.add_edge(4, 5)
30      graph.print_graph()
31
32  if __name__ == "__main__":
33      main()
```

実行結果

```
Adjacency list  node 0:  head -> 2 -> 1
Adjacency list  node 1:  head -> 3 -> 0
Adjacency list  node 2:  head -> 4 -> 3 -> 0
Adjacency list  node 3:  head -> 5 -> 2 -> 1
Adjacency list  node 4:  head -> 5 -> 2
Adjacency list  node 5:  head -> 4 -> 3
```

グラフに関するアルゴリズムは，実用的な観点から数多く研究されている。**表11.1**は，工学的システムと自然現象的システムに対応する典型的なグラフモデルである。表に示すように，現実世界においては，多くのシステムがグラフモデルで表現できる。

表11.1 典型的なグラフモデル

工学的システム			自然現象的システム		
システム	ノード	ブランチ	システム	ノード	ブランチ
運輸	空港	ルート	循環	臓器	血管
交通	交差点	道路	骨格	関節	骨
通信	電話	通信線	神経	ニューロン	シナプス
通信	コンピュータ	通信線	社会	人	関係
Web	Webページ	リンク	疫学	人	感染
電力	発電所・需要家	送電線	化学物質	分子	Bond（価標）
水道	貯水池	パイプ	遺伝	遺伝子	交差・突然変異
流通	倉庫・店舗	トラック輸送	生化学	タンパク質	相互作用

11.2 最短経路問題

(1) 最短経路問題

最短経路問題（shortest path problem）は，重み付きグラフの2つのノード間を結ぶ経路の中で，重みが最小の経路を求める最適化問題である。ここでは，**ダイクストラ法**（Dijkstra method）について説明し，その実装方法を示す。

図 11.3 に重み付き無向グラフ（weighted undirected graph）を示す。図において，ブランチに付されている数字は重みである。この重みは，例えば，流通システムにおいては，倉庫・店舗（ノード）間のトラック輸送ルート（ブランチ）の距離に対応する。最短経路問題は，スタートノードから各ノードまでの重みを考慮した最短経路を決定する問題である。ここで，最短経路の長さは，その中に含まれるブランチの数ではなく，含まれる重みの和（この場合は，距離の和）であることに注意する。

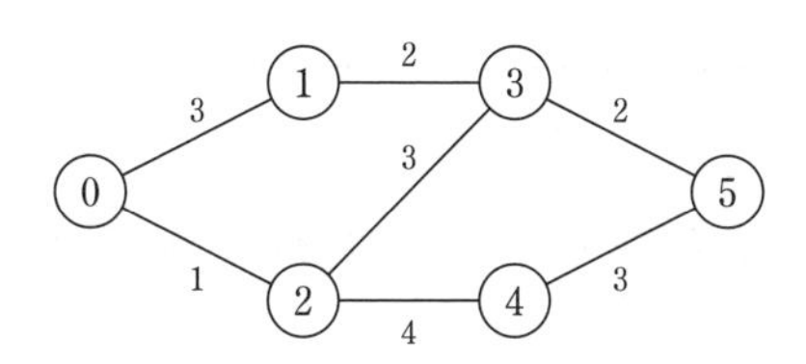

図 11.3　重み付き無向グラフの例

ダイクストラ法による最短経路決定過程を**図 11.4** に示す。図において，各ノードに付された四角形内の数字は，スタートノードからの距離，太線のブラ

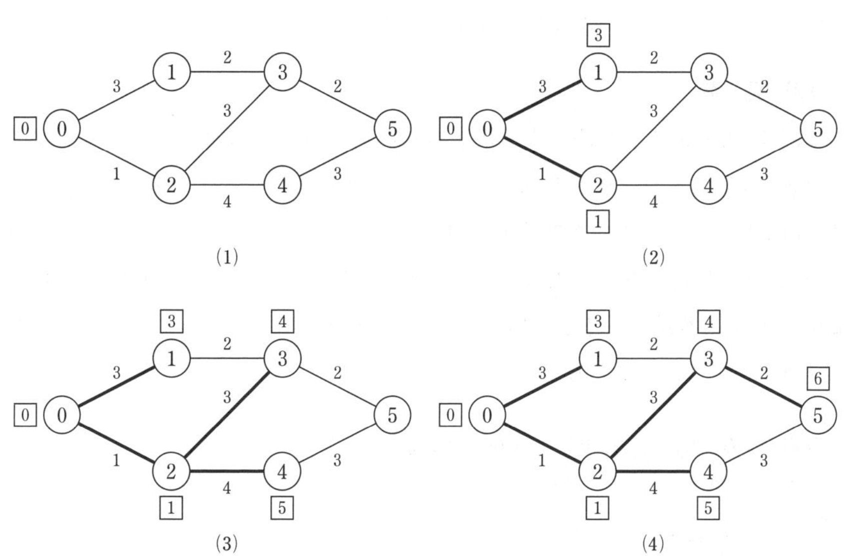

図 11.4　ダイクストラ法による最短経路決定過程

ンチは当該ノードまでの最短ルート上のブランチである。まず，スタートノード（0）の隣接ノード（1）に距離3が，ノード（2）に距離1が記録される。つぎに，ノード（3）に着目すると，ノード（1）からはノード（0）から3＋2＝5の距離，ノード（2）からはノード（0）から1＋3＝4の距離であるので，短い方の4を記録する。以下，同様な処理が行われると，最終的にスタートノードから各ノードまでの最短経路が決定される。**図11.5**に疑似言語で記述したダイクストラ法のアルゴリズムを示す。

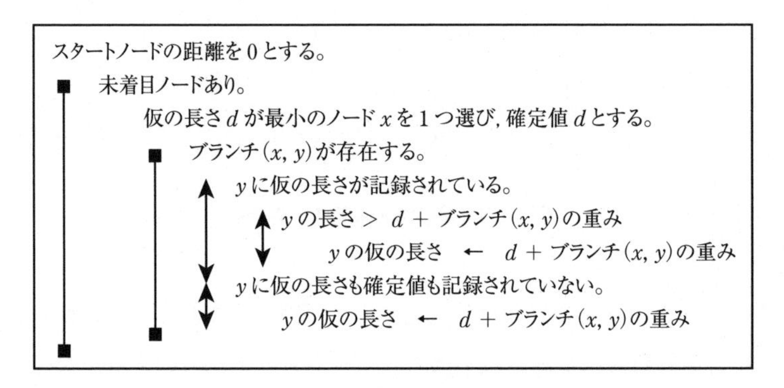

図11.5　ダイクストラ法のアルゴリズム

(2) 実　装

以下にダイクストラ法による最短経路問題を解くプログロムを示す。**プログラム11.2**はブランチクラス，**プログラム11.3**はノードクラス，**プログラム11.4**はグラフクラス，**プログラム11.5**はダイクストラクラス，そして，**プログラム11.6**は最短経路を求めるプログラムである。ブランチクラスにおいて，始端ノードと終端ノードをFROMとTOの大文字で表している。これは，小文字fromが予約語であるためである。

プログラム11.2　ブランチクラス（Branch.py）

```
1  # Branch.py     (11-2)
2
3  class Branch:
4      def __init__(self, FROM, TO, length):
5          self.FROM = FROM; self.TO = TO; self.length = length
```

```
6
7       def __repr__(self): return repr((self.FROM, self.TO, self.length))
8
9       def getFrom(self): return self.FROM
10      def getTo(self):   return self.TO
11      def getLength(self): return self.length
12      def getNeighbour(self,node):
13          if self.FROM == node: return self.TO
14          else: return self.FROM
```

プログラム 11.3 ノードクラス（Node.py）

```
1   # Node.py     (11-3)
2
3   import sys
4
5   class Node:
6       def __init__(self, name):
7           self.name = name; self.distance = sys.maxsize; self.visited = False;
8           self.branches = []
9
10      def __repr__(self): return repr((self.name, self.visited, self.distance))
11
12      def getDistance(self): return self.distance
13      def getBranches(self): return self.branches
14      def setDistance(self,distance): self.distance = distance
15      def setVisited(self): self.visited = True
16      def setBranch(self,branch): self.branches.append(branch)
17      def isVisited(self): return self.visited
```

プログラム 11.4 グラフクラス（Graph.py）

```
1   # Graph.py     (11-4)
2
3   import sys
4   class Graph:
5       def __init__(self, nodes, branches):
6           self.NB = len(branches)
7           self.branches = branches
8           self.ND = self.cal_ND(branches)
9           self.nodes = nodes
10          for i in range(0,self.NB):
11              br = self.branches[i]
12              nf = br.getFrom()
13              self.nodes[nf].setBranch(br)
14
15      def __repr__(self): return repr((self.nodes, self.branches))
16
```

```
17      def getNodes(self): return self.nodes
18      def getND(self): return self.ND
19      def getBranches(self): return self.branches
20      def getNB(self): return self.NB
21      def cal_ND(self,branches):
22          N = 0;
23          for i in branches:
24              if i.getTo()   > N: N = i.getTo()
25              if i.getFrom() > N: N = i.getFrom()
26          N += 1
27          return N
```

プログラム 11.5 ダイクストラクラス（Dijkstra.py）

```
1   # Dijkstra.py     (11-5)
2
3   import sys
4   from Graph import Graph
5   from Node import Node
6   from Branch import Branch
7
8   class Dijkstra(Graph):
9       def __init__(self, nodes, branches):
10          super().__init__(nodes,branches)
11          self.branches = super().getBranches()
12          self.nodes = super().getNodes()
13          self.ND = super().getND()
14          self.MB = super().getNB()
15
16      def cal_shortest_distance(self):
17          self.nodes[0].setDistance(0)  # node 0 as source
18          nextNode = 0
19          for i in range(0,self.ND):
20              current_br = self.nodes[nextNode].getBranches()
21              for j in range(0,len(current_br)):
22                  nindex = current_br[j].getNeighbour(nextNode)
23                  if not (self.nodes[nindex].isVisited() ):
24                      temp = self.nodes[nextNode].getDistance()+\
25                             current_br[j].getLength()
26                      if temp < self.nodes[nindex].getDistance():
27                          self.nodes[nindex].setDistance(temp)
28
29              self.nodes[nextNode].setVisited()
30              nextNode = self.getNextNode()
31
32      def getNextNode(self):
33          storedNodex = 0
34          storedDist = sys.maxsize
35          for i in range(0,len(self.nodes)):
```

```
36              currentDist = self.nodes[i].getDistance()
37              if not (self.nodes[i].isVisited()) and (currentDist < storedDist):
38                  storedDist = currentDist
39                  storedNodex = i
40          return storedNodex
41
42      def printResult(self):
43          print("Number of nodes = ", self.ND)
44          print("Number of branches = ",self.NB)
45          for i in range(0,len(self.nodes)):
46              print("The shortest distance from node 0 to node ", i,\
47                    " is ",self.nodes[i].getDistance())
48
```

プログラム 11.6 最短経路問題の例（DijkstraApp.py）

```
1   # DijkstraApp.py      (11-6)
2
3   import sys
4
5   from Node import Node
6   from Branch import Branch
7   from Dijkstra import Dijkstra
8
9   def main():
10      nodes = [ Node("0"), Node("1"), Node("2"), Node("3"), Node("4"), Node("5")]
11      branches = [ Branch(0,1,3), Branch(0,2,1), Branch(1,3,2), Branch(2,3,3),
12                   Branch(2,4,4),Branch(3,5,2),Branch(4,5,3)]
13
14      net = Dijkstra(nodes,branches)
15      net.cal_shortest_distance();
16      net.printResult()
17
18  if __name__ == "__main__":
19      main()
```

実行結果

```
Number of nodes = 6
Number of branches = 7
Shortest distance from node 0 to node 0 is 0
Shortest distance from node 0 to node 1 is 3
Shortest distance from node 0 to node 2 is 1
Shortest distance from node 0 to node 3 is 4
Shortest distance from node 0 to node 4 is 5
Shortest distance from node 0 to node 5 is 6
```

11.3 関連プログラム

(1) 幅優先探索

幅優先探索（breadth first search）は，木構造やグラフの探索に用いられるアルゴリズムである。まず，開始ノード（start）から隣接するすべてのノードを探索する。そして，探索対象ノード（target）を発見するために，これらのノードのそれぞれに対して同様のことを繰り返す。

図11.6にグラフの例を示す。また，開始ノードをAとし，探索対象ノードをEとしたプログラムとその実行結果を**プログラム11.7**に示す。ここでは，OPENリストとCLOSEDリストが用いられている。OPENリストは，これから探索すべきノードのリスト，CLOSEDリストは，すでに探索したノードのリストである。これらのリストは，それぞれ未着目ノードリスト，着目済みノードリストと考えてよい。

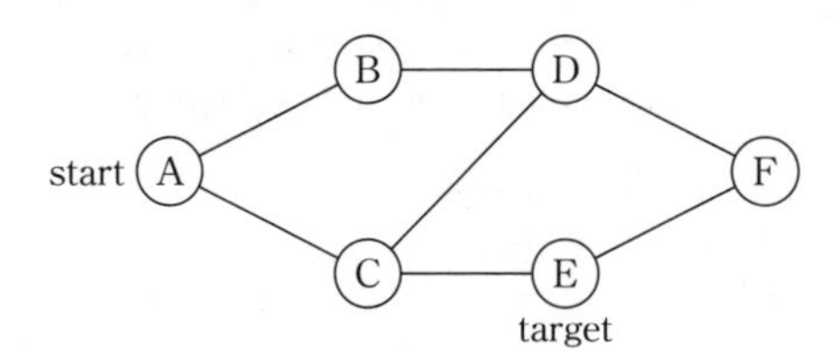

図11.6 探索対象グラフ

プログラム11.7 幅優先探索（breadth_first.py）

```
1  # breadth_first.py      (11-7)
2
3  class Node:
4      def __init__(self, name):
5          self.name = name; self.children = []; self.printNode = None
6
7      def __repr__(self): return repr(self.name)
8
9      def addChild(self, theChild): self.children.append(theChild)
10     def setPrintNode(self, theNode): self.printNode = theNode
```

```
11      def getPrintNode(self): return self.printNode
12      def getChildren(self): return self.children
13      def toString(self): result = self.name; return result
14  
15  class BredthFirst:
16      def __init__(self, num):  self.node = [None]*num; self.start = None
17  
18      def breadthFirst(self, start, goal):
19          self.start = start
20          OPEN = []; OPEN.append(start)
21          CLOSED = []
22          success = False
23          step = 0
24          while True:
25              print("(",step,") OPEN:",OPEN," CLOSED:",CLOSED)
26              if len(OPEN) == 0:
27                  success = False
28                  break
29              else:
30                  node =  OPEN.pop(0)
31                  if node == goal: success = True; break
32                  else:
33                      children = node.getChildren()
34                      CLOSED.append(node)
35                      for i in range(0,len(children)):
36                          m = children[i]
37                          if (not (m in OPEN)) and (not (m in CLOSED)) :
38                              m.setPrintNode(node)
39                              if m is goal: OPEN.insert(0,m)
40                              else: OPEN.append(m)
41  
42              step += 1
43  
44          if(success):
45              print("##### Solution: ",end="")
46              self.printSolution(goal)
47  
48      def printSolution(self, theNode):
49          if theNode is not None:
50              if theNode is self.start: print(theNode.toString())
51              else:
52                  print(str(theNode.toString())+" <- ", end = "")
53                  self.printSolution(theNode.getPrintNode())
54  
55  def main():
56      n = 6
57      node = [None]*n
58      node[0] = Node("A"); node[1] = Node("B"); node[2] = Node("C");
59      node[3] = Node("D"); node[4] = Node("E"); node[5] = Node("F")
```

```
60
61      node[0].addChild(node[1]); node[0].addChild(node[2])
62      node[1].addChild(node[3])
63      node[2].addChild(node[3]); node[2].addChild(node[4])
64      node[3].addChild(node[5])
65      node[4].addChild(node[5])
66
67      start = node[0]; goal = node[4]
68      print("#### start = ",start,"   goal = ", goal)
69      bfs = BredthFirst(n)
70      bfs.breadthFirst(start, goal);
71
72  if __name__ == "__main__":
73      main()
```

実行結果

```
#### start =  'A'    goal =  'E'
( 0 ) OPEN: ['A']  CLOSED: []
( 1 ) OPEN: ['B', 'C']  CLOSED: ['A']
( 2 ) OPEN: ['C', 'D']  CLOSED: ['A', 'B']
( 3 ) OPEN: ['E', 'D']  CLOSED: ['A', 'B', 'C']
##### Solution: E <- C <- A
```

(2) 深さ優先探索

深さ優先探索（depth first search）は，木やグラフを探索するためのアルゴリズムである。開始ノードから隣接するノードに対して，バックトラックするまで可能な限り探索を行う。

図 11.6 のグラフにおいて，開始ノードを A，探索対象ノードを E としたプログラムとその実行結果を**プログラム 11.8** に示す。

プログラム 11.8　深さ優先探索（depth_first.py）

```
1   # depth_first.py     (11-8)
2
3   class Node:
4       省略（プログラム 11.7 参照）
5
6   class DepthFirst:
7       def __init__(self, num): self.node = [None]*num; self.start = None
8
9       def depthFirst(self, start, goal):
10          self.start = start
11          OPEN = []; OPEN.append(start)
12          CLOSED = []
13          success = False
14          step = 0
```

```
15          while True:
16              print("(",step,") OPEN:",OPEN," CLOSED:",CLOSED)
17              if len(OPEN) == 0: success = False; break
18              else:
19                  node =  OPEN.pop(0)
20                  if node == goal: success = True; break
21                  else:
22                      children = node.getChildren()
23                      CLOSED.append(node)
24                      j = 0
25                      for i in range(0,len(children)):
26                          m = children[i]
27                          if (not (m in OPEN)) and (not (m in CLOSED)) :
28                              m.setPrintNode(node)
29                              if m is goal: OPEN.insert(0,m)
30                              else:
31                                  OPEN.insert(j,m)
32                                  j += 1
33
34              step += 1
35
36          if(success):
37              print("##### Solution: ",end="")
38              self.printSolution(goal)
39
40      def printSolution(self, theNode):
41          if theNode is not None:
42              if theNode is self.start: print(theNode.toString())
43              else:
44                  print(theNode.toString()," <- ", end = "")
45                  self.printSolution(theNode.getPrintNode())
46
47  def main():
48      n = 6
49      node = [None]*n
50      node[0] = Node("A"); node[1] = Node("B"); node[2] = Node("C");
51      node[3] = Node("D"); node[4] = Node("E"); node[5] = Node("F")
52
53      node[0].addChild(node[1]); node[0].addChild(node[2])
54      node[1].addChild(node[3])
55      node[2].addChild(node[3]); node[2].addChild(node[4])
56      node[3].addChild(node[5])
57      node[4].addChild(node[5])
58
59      start = node[0]; goal = node[4]
60      print("#### start = ",start,"   goal = ", goal)
61      dfs = DepthFirst(n)
62      dfs.depthFirst(start, goal);
63
```

```
64 if __name__ == "__main__":
65     main()
```

実行結果

```
#### start =  'A'    goal =  'E'
( 0 ) OPEN: ['A']  CLOSED: []
( 1 ) OPEN: ['B', 'C']  CLOSED: ['A']
( 2 ) OPEN: ['D', 'C']  CLOSED: ['A', 'B']
( 3 ) OPEN: ['F', 'C']  CLOSED: ['A', 'B', 'D']
( 4 ) OPEN: ['C']  CLOSED: ['A', 'B', 'D', 'F']
( 5 ) OPEN: ['E']  CLOSED: ['A', 'B', 'D', 'F', 'C']
##### Solution: E <- C <- A
```

付　録

A. vi によるソースファイルの作成

付図 1 に示した helloWorld.py を例題として，ソースファイルの作成方法を示す。

```
# helloWorld.py    (1-1)

def main():
    print("Hello world Python!")

if __name__== "__mine__":
    main()
```

付図 1　helloWorld.py（プログラム 1.1 一部再掲）

1. エディタの起動　　　vi helloWorld.py
2. インサートモードに変更　　[Esc] [i]
3. # helloWorld.py　のようにソースコードを入力していく。

入力ミスの場合の修正方法：

・矢印キーでカーソルを移動

・1 文字消去：[Esc] [x]

・1 文字変更：[Esc] [r] として，変更文字入力

・カーソルの位置から文字列を追加：[Esc] [i] として，追加文字列入力

・カーソルのつぎの位置から文字列を追加：

　　[Esc] [a] として，追加文字列入力

・カーソルのつぎの行に文字列を追加：

　　[Esc] [o] として，追加文字列入力

・1 行消去：[Esc] [d][d]

・操作の取消し：[Esc] [u]（ただし，直前の操作のみ）

・書込み終了：[Esc] [:][w][q][!]

・書き込まないで終了：[Esc] [q][!]

4. 実行　　python helloWorld.py

実行時のエラーが出れば，行番号とエラー内容を見て，ソースコードを修正する。

B. Windows と Linux コマンド

Windows と Linux コマンドは，異なっている場合がある。**付表 1** にその対応表を示す。

付表 1　Windows と Linux コマンド

操　作	Windows	Linux
現在のディレクトリの場所を確認	dir	pwd
ファイルやディレクトリの情報を表示	dir	ls -al
ディレクトリ間の移動	cd	cd
ディレクトリを作成	mkdir	mkdir
ディレクトリを移動	move	mv -r
ディレクトリをコピー	xcopy /e /c /h	cp -r
ディレクトリを削除	del	rm -r
ファイルを移動	move	mv
ファイルをコピー	copy	cp
ファイルを削除	del	rm
テキストファイルの内容を表示	type	cat

参考文献

[1] 西澤弘毅，森田光：Python で体験してわかるアルゴリズムとデータ構造，近代科学社 (2018)

[2] Bill Lubanovi 著，斎藤康毅 監修，長尾高弘訳：入門 Python 3，オライリー・ジャパン (2015)

[3] 永田　武：Java によるアルゴリズムとデータ構造の基礎，コロナ社 (2019)

[4] IPA 独立行政法人 情報処理推進機構　情報処理技術者試験　過去問題・解答例
https://www.jitec.ipa.go.jp（2019 年 5 月現在）

索　引

——著者略歴——

1980年 広島大学大学院博士課程前期修了（回路システム工学専攻）
1980年 株式会社 東芝勤務
1989年 松江工業高等専門学校講師
1991年 松江工業高等専門学校助教授
1995年 博士（工学）（広島大学）
1997年 広島工業大学助教授
2001年 広島工業大学教授
現在に至る

特種情報処理技術者
電気学会フェロー

主な著書
電力システム工学の基礎（コロナ社）
データベースの基礎（コロナ社）
Javaによるアルゴリズムとデータ構造の基礎（コロナ社）

Pythonによるアルゴリズムとデータ構造の基礎
Algorithms and Data Structures with Python

2020年6月1日　初版第1刷発行 ★

検印省略

著　者　永田（ながた）　武（たけし）
発行者　株式会社　コロナ社
　　　　代表者　牛来真也
印刷所　萩原印刷株式会社
製本所　有限会社　愛千製本所

112-0011 東京都文京区千石4-46-10
発行所 株式会社 コロナ社
CORONA PUBLISHING CO., LTD.
Tokyo Japan
振替 00140-8-14844・電話(03)3941-3131(代)
ホームページ https://www.coronasha.co.jp

ISBN 978-4-339-02907-9 C3055 Printed in Japan （新井）N

配本順				頁	本 体
C-6	(第17回)	インターネット工学	後藤滋樹 外山勝保 共著	162	2800円
C-7	(第3回)	画像・メディア工学	吹抜敬彦著	182	2900円
C-8	(第32回)	音声・言語処理	広瀬啓吉著	140	2400円
C-9	(第11回)	コンピュータアーキテクチャ	坂井修一著	158	2700円
C-13	(第31回)	集積回路設計	浅田邦博著	208	3600円
C-14	(第27回)	電子デバイス	和保孝夫著	198	3200円
C-15	(第8回)	光・電磁波工学	鹿子嶋憲一著	200	3300円
C-16	(第28回)	電子物性工学	奥村次徳著	160	2800円

展 開

配本順				頁	本 体
D-3	(第22回)	非線形理論	香田徹著	208	3600円
D-5	(第23回)	モバイルコミュニケーション	中川正雄 大槻知明 共著	176	3000円
D-8	(第12回)	現代暗号の基礎数理	黒澤馨 尾形わかは 共著	198	3100円
D-11	(第18回)	結像光学の基礎	本田捷夫著	174	3000円
D-14	(第5回)	並列分散処理	谷口秀夫著	148	2300円
D-15		電波システム工学	唐沢好男 藤井威生 共著		
D-16		電磁環境工学	徳田正満著		
D-17	(第16回)	VLSI工学 —基礎・設計編—	岩田穆著	182	3100円
D-18	(第10回)	超高速エレクトロニクス	中村徹 三島友義 共著	158	2600円
D-23	(第24回)	バイオ情報学 —パーソナルゲノム解析から生体シミュレーションまで—	小長谷明彦著	172	3000円
D-24	(第7回)	脳工学	武田常広著	240	3800円
D-25	(第34回)	福祉工学の基礎	伊福部達著	236	4100円
D-27	(第15回)	VLSI工学 —製造プロセス編—	角南英夫著	204	3300円

定価は本体価格+税です。
定価は変更されることがありますのでご了承下さい。

図書目録進呈◆